Flugzeuge

Die North American X-15 diente der Erforschung von Höchstgeschwindigkeitsflügen (03.10.1967: 7272 km/h) in großen Höhen (22.08.1963: 107 960 m).

Inhalt

Passagier- und Frachtflugzeuge	4
Sport- und Schulflugzeuge	114
Flugboote und Amphibienflugzeuge	138
Bombenflugzeuge	160
Jäger und Jagdbomber	220
Aufklärer	294
Militärische Transportflugzeuge	320
Glossar	345
Register	347

Passagier- und Frachtflugzeuge

In diesem Kapitel werden Flugzeuge zusammengefasst, die dem zivilen Transport von Passagieren, Frachten und Lasten dienen oder speziellen Aufgaben angepasst sind und die von Land aus operieren. Nicht alle vorgestellten Typen sind Verkehrsflugzeuge im engeren Sinne: Auch Transportflugzeuge finden sich in diesem

Kapitel, wenn sie etwa zu einer bestimmten „Familie" gehören. Auch aus dem umfangreichen Gebiet der Allgemeinen Luftfahrt werden Reise- und Mehrzweckflugzeuge dargestellt, die geeignet erscheinen, das nach Anzahl der Luftfahrzeuge und Flugbewegungen größte Segment der zivilen Luftfahrt zu repräsentieren.

PASSAGIER- UND FRACHTFLUGZEUGE

152 (Dresden 152)

Vierstrahliges Passagierflugzeug in Schulterdecker-Auslegung (Erstflug des ersten Prototyps am 04.12.1958). Die 152 (auch BB-152 für die Konstrukteure Baade/Bonin oder Dresden 152) war das erste deutsche Passagierflugzeug mit Strahlantrieb. Der Entwurf ging aus einer militärischen Konstruktion hervor, die ehemalige Junkers-Mitarbeiter unter Leitung von Brunolf Baade in der Sowjetunion entwickelt hatten. Ab 1958 wurden in Dresden drei Prototypen gebaut. Nach dem Absturz des ersten Prototyps (04.03.1959) geriet das Projekt immer mehr in Zeitverzug. Der zweite – an Bug, Triebwerksgondeln und Fahrwerk deutlich veränderte – Prototyp (152/II V4) wurde in der Luft erprobt (Erstflug 26.08.1960), der dritte (152/II V5) nur noch am Boden. Die Serienproduktion war 1961 angelaufen, wurde aber im selben Jahr wieder eingestellt, ohne dass weitere flugfähige Maschinen ausgeliefert werden konnten.

Typ: 152/II V4
Verwendung: Passagierflugzeug
Spannweite: 27,00 m
Länge: 31,42 m
Antrieb: 4 Pirna 014 mit je 31 kN (3150 kp) Schub
max. Startmasse: 46 500 kg
Reisegeschwindigkeit: 800 km/h
Reichweite: max. 2500 km
Gipfelhöhe: 10 700 m
Passagiere: 58–72

PASSAGIER- UND FRACHTFLUGZEUGE

Aero Ae270

Einmotoriges Passagier- und Frachtflugzeug (Erstflug 25.07.2000) mit Druckkabine und zusätzlichem Gepäckraum. In der Version Executive Transport sitzen fünf Passagiere in Club-Anordnung. Die Aero Ae270 kann auch als Fracht-/Passagier-Kombiversion, als Ambulanzflugzeug oder mit Schwimmern geordert werden.

Typ: Aero Ae270 Ibis
Verwendung: Mehrzweckflugzeug
Spannweite: 13,80 m
Länge: 12,24 m
Antrieb: 1 Pratt & Whitney Canada PT6A-42A Triebwerk mit 634 kW (860 PS)
max. Startmasse: 3300 kg
Reisegeschwindigkeit: 330 km/h
Reichweite: 2200 km
Gipfelhöhe: 9300 m
Passagiere: 5-8 + 2 Piloten

PASSAGIER- UND FRACHTFLUGZEUGE

Aerospatiale/BAe Concorde

Vierstrahliges Überschall-Verkehrsflugzeug für Langstrecken in Tiefdecker-Auslegung, das für Flüge mit zweifacher Schallgeschwindigkeit konstruiert wurde (Erstflug des Prototyps 001 am 02.03.1969). Das Flugzeug wurde gemeinsam von der französischen und britischen Luftfahrtindustrie entwickelt und 1976 in den Liniendienst gestellt. Es besteht zu großen Teilen aus Aluminium, ergänzt um eine hitzebeständige Nickellegierung sowie Edelstahl und Titan. Die „Nase" kann bei Start und Landung abgesenkt werden. Die Concorde kommt ohne Höhenleitwerk am Heck aus, Ruder und kombinierte Höhen- und Querruder befinden sich an den Abrisskanten der Tragflächen. Die Flugzeit über den Atlantik betrug etwa 3 bis 3,5 Stunden. Der wirtschaftliche Erfolg der Concorde blieb jedoch aus. Schon 1979 wurde der Bau nach insgesamt nur 20 Flugzeugen eingestellt. Der letzte Flug einer Air-France-Concorde fand am 24.06.2003 statt, bei British Airways endete die Concorde-Ära am 24.10.2003.

Typ: Concorde
Verwendung: Überschall-Passagierflugzeug
Spannweite: 25,56 m
Länge: 62,74 m
Antrieb: 4 Rolls-Royce Olympus 593-Mk-610 Turbojets mit Nachbrenner mit je 189,4 kN (19 312 kp) Schub
max. Startmasse: 185 000 kg
Reisegeschwindigkeit: max. 2190 km/h
Reichweite: 6667 km
Gipfelhöhe: 19 000 m
Passagiere: 100–125

PASSAGIER- UND FRACHTFLUGZEUGE

Aerospatiale ATR 72

Zweimotoriges Passagierflugzeug in Hochdecker-Auslegung für Kurzstrecken auf der Basis der ATR 42, bei deren Konstruktion bereits die gestreckte Version (4,5 m länger) berücksichtigt wurde. Auf die ATR 72-200 (1989) folgten die ATR 72-210 (1992) mit stärkerem Antrieb und die ATR 72-500 (1997) mit vergrößerter Reichweite, Lärmdämmung und modernisierter Kabinenausstattung. Über eine APU verfügt die ATR 72 nicht, dafür kann das rechte Triebwerk am Boden, bei ausgekuppeltem Propeller, weiterlaufen und als „Hilfsaggregat" verwendet werden.

Typ: Aerospatiale ATR 72-200
Verwendung: Passagierflugzeug
Spannweite: 27,05 m
Länge: 27,17 m
Antrieb: 2 Pratt & Whitney Canada PW124 mit je 1610 kW (2190 WPS)
max. Startmasse: 22 500 kg
Reisegeschwindigkeit: 510 km/h
Reichweite: 1400 km
Gipfelhöhe: 8000 m
Passagiere: 66–72

Airbus A300

Zweistrahliges Großraumflugzeug für Mittel- und Langstrecken (Erstflug des Typs A300 B1 1972). Airbus Industrie gab damit dem Markt für Großraumflugzeuge, der um 1970 von Boeing beherrscht wurde, neue Impulse. Die Entwurfsarbeiten begannen bereits 1965 als britisch-französisches Gemeinschaftsprojekt, dem die Bundesrepublik Deutschland mit dem Abkommen vom 26.09.1967 beitrat. Seit 1984 wurden nur noch die modernisierten Modelle A300-600 und A300-600R (mit verlängerter Reichweite) gebaut. Außerdem gibt es eine Frachtversion A300-600F.

Typ: Airbus A300-600R
Verwendung: Passagierflugzeug
Spannweite: 44,48 m
Länge: 54,08 m
Antrieb: 2 Turbofans mit je 249 kN bis 273,6 kN (25 390 kp bis 27 900 kp)
max. Startmasse: 165 000 kg (mit PW4156-Triebwerken)
Reisegeschwindigkeit: 865 km/h
Reichweite: 7686 km (bei 267 Passagieren)
Gipfelhöhe: 12 200 m
Passagiere: 247–375

Airbus A310

Zweistrahliges Passagierflugzeug; verkürzte Version des Airbus A300 (Erstflug am 03.04.1982). Neu waren das voll digitalisierte Cockpit und die Tragflächen mit Winglets. Die erste Version war der A310-200 für Mittel- und Kurzstrecken. Seit 1985 gibt es die Langstreckenversion A310-300 (Zusatztank im Höhenleitwerk).

Typ: Airbus A310-200
Verwendung: Passagierflugzeug
Spannweite: 43,91 m
Länge: 46,65 m
Antrieb: 2 Pratt & Whitney PW4000 oder General Electric CF6-80C2 mit je 222,3 kN (22 675 kp) Schub
max. Startmasse: 142 000 kg
Reisegeschwindigkeit: 860 km/h
Reichweite: 7400 km
Gipfelhöhe: 12 500 m
Passagiere: 218-262

PASSAGIER- UND FRACHTFLUGZEUGE

Airbus A320

Zweistrahliges Passagierflugzeug für Kurz- und Mittelstrecken (Erstflug 1987) – das Ausgangsmodell der gesamten A320-Familie. Der A320 war nach der Concorde das erste Zivilflugzeug, das nicht mehr mechanisch mithilfe klassischer Steuerhörner, sondern im Fly-by-Wire-Verfahren elektronisch gesteuert wurde. Die verbesserte Version A-320-200 führt mehr Treibstoff mit und verfügt über stärkere Triebwerke.

Typ: Airbus A320-200
Verwendung: Passagierflugzeug
Spannweite: 33,91 m
Länge: 37,57 m
Antrieb: 2 Turbofans General Electric/SNECMA CFM56-5 oder IAE V2500 mit je 110 kN (11 216 kp) Schub
max. Startmasse: 73 500–77 000 kg
Reisegeschwindigkeit: 845 km/h
Reichweite: 7400 km
Gipfelhöhe: 12 500 m
Passagiere: 153–179

PASSAGIER- UND FRACHTFLUGZEUGE

Airbus A321

Zweistrahliges Passagierflugzeug für Kurz- und Mittelstrecken (Erstflug März 1993). Das Modell A321 ist als gestreckte Variante des A320 anzusehen. Gegenüber dem Ausgangsmodell mussten der Flügel, das Fahrwerk und tragende Teile der Zelle verstärkt werden. Die Entwicklung der Modellvariante A321-200 begann 1995, der Erstflug erfolgte am 12.12.1996.

Typ: Airbus A321-200
Verwendung: Passagierflugzeug
Spannweite: 34,10 m
Länge: 44,50 m
Antrieb: 2 Turbofans General Electric/ SNECMA CFM56-5B1 oder IAE V2500-A5 mit je 133 kN (13 561 kp) Schub
max. Startmasse: 89 000 kg
Reisegeschwindigkeit: max. 900 km/h
Reichweite: 5500 km
Gipfelhöhe: 12 500 m
Passagiere: 188–220

 PASSAGIER- UND FRACHTFLUGZEUGE

Airbus A319

Zweistrahliges Passagierflugzeug (Erstflug am 25.08.1995) für Kurz- und Mittelstrecken. Der Typ A319 wurde gegenüber dem Ausgangsmodell verkürzt. Die Betreiber können bei der Startmasse zwischen verschiedenen Auslegungen wählen, was entsprechend Einfluss auf die Reichweite hat.

Typ: Airbus A319
Verwendung: Passagierflugzeug
Spannweite: 33,91 m
Länge: 32,84 m
Antrieb: 2 Turbofans CFMI CFM56-5A oder IAE V2527-A5 mit je 99,7 kN (10 166 kp) Schub
max. Startmasse: 56 000–75 000 kg
Reisegeschwindigkeit: 840 km/h
Reichweite: 3400–7000 km
Gipfelhöhe: 11 280 m
Passagiere: 124–156

PASSAGIER- UND FRACHTFLUGZEUGE 15

Airgus A330

Zweistrahliges Passagierflugzeug für Langstrecken (Erstflug Version A330-200 am 01.11.1992, Version A330-300 am 13.08.1997). Der A330 wurde gemeinsam mit dem Typ A340 entwickelt. Ausgangspunkt war der Rumpf des A300, den man verlängerte. Die Versionen A330-200 (Langstrecken) und A330-300 weisen unterschiedliche Rumpflängen (und Passagierkapazitäten) auf.

Typ: Airbus A330-300
Verwendung: Passagierflugzeug
Spannweite: 60,30 m
Länge: 63,60 m
Antrieb: 2 Turbofans CF6-80E1 oder PW4000 oder RR Trent 700 mit je 303–320 kN (30 900–32 630 kp) Schub
max. Startmasse: 217 000 kg
Reisegeschwindigkeit: 900 km/h
Reichweite: 10 500 km
Gipfelhöhe: 12 500 m
Passagiere: 295–335

Airbus A340

Vierstrahliges Passagierflugzeug für Langstrecken (Erstflug A340-300 am 25.10.1991). Gegenüber dem A330 wurden vor allem die Tragflächen im Bereich der äußeren Triebwerke verstärkt. Die Versionen A340-200 (Langstrecken, Erstflug 01.04.1992) und A340-300 weisen unterschiedliche Rumpflängen auf. Der A340-500 (Erstflug 11.01.2002) und A340-600 (Erstflug 23.03.2001) haben einen nochmals verlängerten Rumpf und eine größere Spannweite und können bis zu 440 Passagiere befördern.

Typ: Airbus A340-200
Verwendung: Passagierflugzeug
Spannweite: 60,30 m
Länge: 59,39 m
Antrieb: 4 Turbofans CFM56-5C4 mit je 140 kN (14 275 kp) Schub
max. Startmasse: 257 000 kg
Reisegeschwindigkeit: 880 km/h
Reichweite: 14 800 km
Gipfelhöhe: 12 500 m
Passagiere: 239–375

Airbus A350 XWB

Airbus-Zweistrahlerfamilie für Mittel- und Langstrecken. Ursprünglich als Weiterentwicklung des A330-200 geplant, wurde durch den Konkurrenzdruck mit Boeing eine weitgehende Neukonzeption notwendig. Große Segmente werden aus Kohlefaser gefertigt und der Treibstoffverbrauch deutlich verringert. Der Airbus A350 wird ab Mitte 2014 die bisherigen Langstreckenmodelle A330 und A340 ersetzen.

Typ: Airbus A350-900
Verwendung: Passagierflugzeug
Spannweite: 64,75 m
Länge: 66,90 m
Antrieb: 2 Rolls-Royce Turbofans Trent XWB mit je 370 kN (37 730 kp) Schub
max. Startmasse: 268 000 kg
Reisegeschwindigkeit: 890 km/h
Reichweite: 15 750 km
Passagiere: max. 350

PASSAGIER- UND FRACHTFLUGZEUGE

Airbus A380

✈ **Vierstrahliges Großraumflugzeug** (Erstflug 27.04.2005, Eröffnung des Liniendienstes bei Singapore Airlines am 25.10.2007). Auch als „Superjumbo" (werksintern: Macro-Body) bekannt, übertrifft der A380 als größtes bisher seriengefertigtes Passagierflugzeug bei Weitem die Dimensionen der Boeing 747. Abhängig von der Kabinenauslegung finden 525–850 Fluggäste auf zwei Passagierdecks Platz. Das mit allen technischen Raffinessen ausgestattete Cockpit ist vom unteren Deck zugänglich. Am Boden liefern zwei Kameras den Piloten in Echtzeit Position und Fahrweg auf Monitore im Cockpit. Durch Verwendung moderner kohle-, glas- oder quarzfaserverstärkter Kunststoffe konnten die Betriebskosten im Vergleich mit der Boeing 747 um 20 Prozent gesenkt und die Reichweite um fast 2000 km gesteigert werden. Die Entwicklung einer Frachtversion ist seit dem 01.03.2007 auf unbestimmte Zeit unterbrochen.

Typ: Airbus A380-800
Verwendung: Passagierflugzeug
Spannweite: 79,80 m
Länge: 73,00 m
Antrieb: 4 Rolls-Royce Trent 900 oder Engine Alliance GP7200 mit je 311 kN (31 715 kp) Schub
max. Startmasse: 562 000 kg
Reisegeschwindigkeit: 890 km/h
Reichweite: 15 000 km (bei max. Nutzlast)
Reiseflughöhe: 13 100 m
Passagiere: 525–850

Airbus A300-600ST Beluga

Zweistrahliges Transportflugzeug in Tiefdecker-Auslegung für großvolumige Lasten. Mit der Beluga ist es möglich, verschiedene Airbus-Großteile zwischen den einzelnen Fertigungsstandorten der Airbus Industrie zu transportieren. Der Laderaum besitzt über 1400 m3 Nutzraumvolumen. Als die Spezialversionen der Boeing B-377 (Super Guppy) dafür nicht mehr ausreichten, entwickelte man einen eigenen Spezialtransporter auf der Basis des A300-600. Der Beiname Beluga spielt auf die Ähnlichkeit der Rumpfform mit einem Belugawal an. Fünf Exemplare des Typs Airbus A300-600ST wurden produziert, sie fliegen überwiegend für Airbus Industrie.

Typ: Airbus Super Transporter
Verwendung: Transportflugzeug
Spannweite: 44,84 m
Länge: 54,16 m
Antrieb: 2 Turbofans General Electric CF6-80C2A1 mit je 262,4 kN (26 756 kp) Schub
max. Startmasse: 155 000 kg
Reisegeschwindigkeit: 750 km/h
Reichweite: 1700 km
Gipfelhöhe: 10 760 m
Zuladung: 47 000 kg

PASSAGIER- UND FRACHTFLUGZEUGE

Albatros L 73

Zweimotoriges Passagierflugzeug, das wegen der für die damaligen Verhältnisse sehr komfortablen Passagierkabine als „Schlafwagenflugzeug" bezeichnet wurde. Die Kabine mit acht Sitzplätzen konnte für vier Schlafplätze umgerüstet werden. Ab 1927 flog die L 73 als Nachtflugzeug auf der Linie Berlin – Moskau, außerdem auf den Linien Berlin – Lübeck – Kopenhagen – Malmö sowie Berlin – Brünn – Wien.

Typ: Albatros L 73
Verwendung: Passagierflugzeug
Spannweite: 19,70 m
Länge: 14,60 m
Antrieb: 2 BMW IV mit je 230 kW (312 PS) und andere
max. Startmasse: 4600 kg
Reisegeschwindigkeit: 158 km/h
Reichweite: 600 km
Gipfelhöhe: 3000 m
Passagiere: 8 oder 4 Schlafplätze + 2 Besatzung

PASSAGIER- UND FRACHTFLUGZEUGE

Antonow An-22 Antäus

Viermotoriges Transportflugzeug, freitragender Schulterdecker (Erstflug 27.02.1965), zum Zeitpunkt des Erstflugs das größte Flugzeug der Welt, das als Transporter für große Lasten und große Entfernungen konzipiert war. 68 Maschinen wurden von 1965 bis Februar 1976 ausgeliefert. Das Flugzeug besitzt ein Heckladetor mit hydraulischer Fahrzeugrampe und kann auf Behelfspisten operieren.

Typ: Antonow An-22
Verwendung: Transportflugzeug
Spannweite: 64,40 m
Länge: 57,80 m
Antrieb: 4 Kusnezow NK-12MA Turboprop-Triebwerke mit je 11 185 kW (15 200 PS)
max. Startmasse: 250 000 kg
Reisegeschwindigkeit: 580 km/h
Reichweite: 5000–10 950 km
Gipfelhöhe: 11 000 m
Passagiere: 29 + 5 Besatzung (80 t Zuladung)

PASSAGIER- UND FRACHTFLUGZEUGE

Antonow An-124 Ruslan

Vierstrahliges Transportflugzeug, als Militärtransporter entwickelt; beim Erstflug 26.12.1982 das größte Flugzeug der Welt. Es kann auf unvorbereiteten Pisten operieren. Die Beladung erfolgt über den hochklappbaren Rumpfbug oder über die Heckrampe. Seit den 1990er-Jahren fliegen einige An-124 Ruslan für zivile Unternehmen.

Typ: Antonow An-124
Verwendung: Transportflugzeug
Spannweite: 73,30 m
Länge: 69,10 m
Antrieb: 4 Lotarew D-18T Turbofans mit je 229,5 kN (23 350 kp) Schub
max. Startmasse: 392 000 kg (zivil)
Reisegeschwindigkeit: 800–850 km/h
Reichweite: 4800 km bei 120 t Nutzlast
Gipfelhöhe: 11 600 m
Passagiere: 88 + 6 Besatzung (max. 150 t)

PASSAGIER- UND FRACHTFLUGZEUGE

Antonow An-225 Mrija

Sechsstrahliges Transportflugzeug, freitragender Schulterdecker; Weiterentwicklung der An-124 Ruslan. Es sollte die Raumfähre Buran auf dem Rücken transportieren. Dafür wurden Rumpf und Tragflächen um jeweils rund 15 Meter verlängert. Die Tragflächen erhielten eine neue Mittelsektion, auf jeder Seite wurde ein zusätzliches Triebwerk angebracht und ein Doppelleitwerk gebaut: derzeit größtes Flugzeug der Welt.

Typ: Antonow An-225
Verwendung: Transportflugzeug
Spannweite: 88,40 m
Spannweite Heckleitwerk: 32,65 m
Länge: 84,00 m
Antrieb: 6 Lotarew D-18T mit je 229,5 kN (23 409 kp) Schub
max. Startmasse: 600 000 kg
Höchstgeschwindigkeit: 850 km/h
Reichweite: max. 15 400 km
Gipfelhöhe: 11 000 m
Besatzung: 7 (max. 250 t Nutzlast)

Antonow An-140

Zweimotoriges Kurzstrecken-Passagierflugzeug (Erstflug 17.09.1997) mit APU und klimatisierter Druckkabine. Es zeigt gute Leistungen bei hoch gelegenen Flughäfen (über 1700 m) oder heißem Klima (45 °C). Die Maschine kann auf unbefestigten Pisten operieren. Sie soll die An-24 und deren Varianten ersetzen.

Typ: Antonow An-140
Verwendung: Passagierflugzeug
Spannweite: 25,50 m
Länge: 22,60 m
Antrieb: 2 Klimow TW3-117WMA-SBM1 mit je 1838 kW (2500 PS) oder andere
max. Startmasse: 21 500 kg
Reisegeschwindigkeit: 575 km/h
Reichweite: 1380–3050 km
Gipfelhöhe: 7200 m
Passagiere: 52

Antonow An-148

Zweistrahliges Passagierflugzeug in Hochdecker-Auslegung mit T-Leitwerk (Erstflug Prototyp 17.12.2004), mit APU und klimatisierter Druckkabine. Die Maschine soll als Regionalflugzeug die veralteten Tu-134 und Jak-42 ersetzen. Sie kann dank moderner Avionik auf schlecht ausgebauten Flughäfen und unter allen Wetterbedingungen operieren und wird in verschiedenen Versionen angeboten.

Typ: Antonow An-148-100E
Verwendung: Passagierflugzeug
Spannweite: 28,91 m
Länge: 29,13 m
Antrieb: 2 Progress D-436-148 mit je 65,6 kN (6600 kp) Schub
max. Startmasse: 42 600 kg
Höchstgeschwindigkeit: 870 km/h
Reichweite: 5100 km
Gipfelhöhe: 12 500 m
Passagiere: 75

PASSAGIER- UND FRACHTFLUGZEUGE

Avro 688/689 Tudor

Viermotoriges Passagier- und Transportflugzeug und das erste britische Transportflugzeug mit einer Druckkabine (Erstflug Juni 1945). Bei der Konstruktion wurden die Tragflächen der Avro 694 Lincoln verwendet. Die Avro Tudor gehörte mit ihren 9,3 t Nutzlast zu den schwersten Flugzeugen der Berliner Luftbrücke 1948/49.

Typ: Avro 688 Tudor IV
Verwendung: Passagier- und Transportflugzeug
Spannweite: 36,58 m
Länge: 25,99 m
Antrieb: 4 Rolls-Royce Merlin 621 mit je 1267 kW (1723 PS)
max. Startmasse: 36 288 kg
Reisegeschwindigkeit: 338 km/h
Reichweite: 6440 km
Gipfelhöhe: 8350 m
Passagiere: 32

Avro RJ100

Vierstrahliges Kurzstrecken-Passagierflugzeug (Erstflug 13.05.1992); bis 1992 unter der Bezeichnung BAe 146-300. Die British-Aerospace-Tochter Avro International Aerospace produzierte den 1992 überarbeiteten Typ nun als Avro RJ (für Regio-Jet) weiter. Gegenüber dem Ausgangsmuster von BAe erhielt der RJ100 neue leisere Triebwerke und eine moderne digitale Avionik. Im Vergleich zum RJ85 wurde der Rumpf nochmals um 2,39 m verlängert.

Typ: Avro 146-RJ100
Verwendung: Passagierflugzeug
Spannweite: 26,21 m
Länge: 30,99 m
Antrieb: 4 Textron Lycoming LF507 Turbofans mit je 31,1 kN (3160 kp) Schub
max. Startmasse: 44 225–46 000 kg
Reisegeschwindigkeit: 763 km/h
Reichweite: max. 2760 km
Passagiere: 100–120

PASSAGIER- UND FRACHTFLUGZEUGE

BAC 1-11

Zweistrahliges Passagierflugzeug in Tiefdecker-Auslegung mit T-Leitwerk (Erstflug des Prototyps am 20.08.1963). Die Maschine entstand als „Wachablösung" für das Turboprop-Muster Vickers Viscount. 1965 wurden neben der Serie 200 auch die Serie 300 mit stärkeren Triebwerken und größerer Nutzlast sowie die Serie 400 (für den amerikanischen Markt) bei ansonsten gleichen Abmessungen zugelassen. Die Serie 500 (1968) hatte einen längeren Rumpf (+ 4,11 m) und vergrößerte Spannweite (+ 1,20 m) und konnte 98–119 Passagiere aufnehmen. Die Serienproduktion der 1-11 endete in Großbritannien 1980.

Typ: BAC 1-11 Series 500
Verwendung: Passagierflugzeug
Spannweite: 28,50 m
Länge: 32,61 m
Antrieb: 2 Rolls-Royce Spey 512DW Turbofans mit je 55,8 kN (5690 kp) Standschub
max. Startmasse: 47 700 kg
Reisegeschwindigkeit: 790 km/h
Reichweite: 2740 km mit max. Nutzlast
Gipfelhöhe: 9000 m
Passagiere: 98–119

PASSAGIER- UND FRACHTFLUGZEUGE

Beechcraft Bonanza

Einmotoriges Reise- und Geschäftsflugzeug in Ganzmetall-Halbschalenbauweise (Erstflug 06.12.1945), das nach dem 2. Weltkrieg als erstes viersitziges Ganzmetall-Reiseflugzeug mit gehobenem Komfort auf den Markt kam. Die Bonanza bietet in den Versionen V35 und F33 4–5 Personen Platz, in der Version A36/A36TC sogar 6 Personen. Die Version F33A diente u. a. als Ausbildungsflugzeug der Deutschen Lufthansa.

Typ: Beechcraft Bonanza A36
Verwendung: Reiseflugzeug
Spannweite: 10,21 m
Länge: 8,38 m
Antrieb: 1 Teledyne-Continental IO-550-B mit 220 kW (300 PS)
max. Startmasse: 1415 kg
Reisegeschwindigkeit: 305 km/h
Reichweite: 850 km
Gipfelhöhe: 5630 m
Passagiere: 5 + 1 Pilot

PASSAGIER- UND FRACHTFLUGZEUGE

Beechcraft Premier IA

Zweistrahliges, größtes und schnellstes für Einzelpilotenbetrieb zugelassenes Geschäftsreiseflugzeug der Welt. Auch die außergewöhnlich ruhige und große Komfortkabine gilt als die größte aller vergleichbaren Light Jets. Die Premier war der erste Business Jet, dessen Rumpf aus Verbundwerkstoffen (mehr als 6000 passgerecht zugeschnittene Lagen Kohlefasermaterial) gefertigt wurde und die Musterzulassung der US-Luftfahrtbehörde FAA erhielt.

Typ: Beechcraft Premier IA
Verwendung: Geschäftsreiseflugzeug
Spannweite: 13,56 m
Länge: 14,02 m
Antrieb: 2 Turbofans Williams FJ44-2A mit je 10,23 kN (1043 kp) Schub
max. Startmasse: 5670 kg
Reisegeschwindigkeit: 835 km/h
Reichweite: 2759 km
Gipfelhöhe: 12 497 m
Passagiere: 6

PASSAGIER- UND FRACHTFLUGZEUGE

Blohm & Voss Ha 139

Viermotoriges Transportflugzeug mit Knickflügel (Erstflug 1936). Der Mittelflügel (mit Treibstofftanks) war metallbeplankt, die Außenflügel stoffbespannt. Das Flugzeug war katapultstartfähig und als Postflugzeug für den transatlantischen Dienst konzipiert. Die Spezifikation sah vor, 400–500 kg Fracht über eine Entfernung von 5000 km bei 250 km/h zu transportieren. Gebaut wurden die Muster Ha 139 V1 Nordwind und Ha 139 V2 Nordmeer (Auslieferung Sommer 1937 an die Luft Hansa). Die Flugzeuge starteten von ihren Mutterschiffen Friesenland und Schwabenland. Die letzte Maschine (Auslieferung Ende 1938) mit der Bezeichnung Ha 139B Nordstern wies eine leicht veränderte Flügelgeometrie auf, was zu einer etwas niedrigeren Anbringung der Motoren führte.

Typ: Blohm & Voss Ha 139
Verwendung: Postflugzeug
Spannweite: 27,00 m
Länge: 19,50 m
Antrieb: 4 Jumo 205C Zweitakt-Dieselmotoren mit je 447 kW (600 PS)
max. Startmasse: 17 500 kg
Reisegeschwindigkeit: 260 km/h
Reichweite: max. 5300 km
Gipfelhöhe: 6600 m
Besatzung: 4–5

PASSAGIER- UND FRACHTFLUGZEUGE

Boeing 377 Stratocruiser

Viermotoriges Passagierflugzeug.
Die Konstruktion verband Tragflächen, Leitwerk und Motoren des Bombenflugzeugs B-29 mit einem neu konstruierten geräumigen Rumpf mit zwei Decks. Die B-377 – 1947 bis 1950 gebaut – stellte erstmals die Nonstop-Verbindung von New York nach London her. Einige Maschinen dieses Typs wurden später zum sogenannten Guppy umgebaut.

Typ: Boeing 377
Verwendung: Passagierflugzeug
Spannweite: 43,05 m
Länge: 33,63 m
Antrieb: 4 Pratt & Whitney R-4360B-Wasp-Major 28 Sternmotoren mit je 2610 kW (3500 PS)
max. Startmasse: 66 134 kg
Reisegeschwindigkeit: 547 km/h
Reichweite: 6750 km
Gipfelhöhe: 9750 m

Boeing 707

Vierstrahliges Verkehrsflugzeug für Langstrecken, freitragender Tiefdecker mit konventionellem Leitwerk (Erstflug 20.12.1957). Im Oktober 1958 nahm die PanAm den Liniendienst auf der Strecke New York – Paris mit der 707 auf. Im Laufe der Produktionszeit bis 1992 wurden 1012 Maschinen unterschiedlicher Versionen gefertigt. Der grundlegende Typ war die 707-120. Die Baureihen 707-320 und -420 hatten größere Flügel und Reichweiten.

Typ: Boeing 707-120
Verwendung: Passagierflugzeug
Spannweite: 39,87 m
Länge: 44,04 m
Antrieb: 4 Pratt & Whitney PW JT3C-6 mit je 62,3 kN (6322 kp) Schub
max. Startmasse: 116 575 kg
Reisegeschwindigkeit: 896 km/h
Reichweite: 6800 km
Gipfelhöhe: 12 800 m
Passagiere: 181

Boeing 727

Dreistrahliges Verkehrsflugzeug für Kurz- und Mittelstrecken, ein freitragender Tiefdecker mit T-Leitwerk (Erstflug 06.02.1963). Die Triebwerksanordnung am Heck ermöglichte einen „sauberen" Flügel mit diversen Auftriebshilfen. Während der Produktionszeit (bis 1984) wurde der Typ beständig weiterentwickelt. Zuletzt wurde 1981 die Version als Frachtflugzeug 727-200F vorgestellt.

Typ: Boeing 727-100
Verwendung: Passagierflugzeug
Spannweite: 32,92 m
Länge: 40,59 m
Antrieb: 3 Pratt & Whitney JT8D-1 zu je 62,3 kN (6322 kp) Schub
max. Startmasse: 68 946 kg
Reisegeschwindigkeit: 926 km/h
Reichweite: 3050 km
Gipfelhöhe: 11 400 m
Passagiere: 131

PASSAGIER- UND FRACHTFLUGZEUGE

Boeing 737

Zweistrahliges Verkehrsflugzeug für Kurz- und Mittelstrecken (Erstflug 09.04.1967). Seit 1964 entwickelt, wurden bisher über 7000 Flugzeuge aller Versionen und Generationen dieses Typs verkauft. Seit 1993 fliegen die Versionen der „Next Generation". Die 737-600 erschien 1998 als kleinste Version dieser modernisierten Baureihe; mit höherem Fahrwerk, geänderter Tragflächengeometrie und Glascockpit. Die Boeing 737-700C (Convertible) kann in weniger als einer Stunde vom Passagier- zum Frachtflugzeug umgerüstet werden.

Typ: Boeing 737-600
Verwendung: Passagierflugzeug
Spannweite: 43,05 m
Länge: 33,63 m
Antrieb: 2 CFMI CFM56-7 Turbofans mit je 101 kN (10 300 kp) Schub
max. Startmasse: 66 000 kg
Reisegeschwindigkeit: 850 km/h
Reichweite: 5648 km
Gipfelhöhe: 11 000 m
Passagiere: 110

PASSAGIER- UND FRACHTFLUGZEUGE

Boeing 747

Vierstrahliges Großraum-Passagierflugzeug für Langstrecken in Tiefdecker-Auslegung mit konventionellem Leitwerk (Erstflug 09.02.1969). Die Luftfahrtgeschichte verdankt diesen Jet der Tatsache, dass Boeing im Wettbewerb um einen militärischen Großtransporter der Lockheed C-5 Galaxy unterlag. Weltweit bekannt und wiedererkennbar machte die 747 ihr „Buckel", der ihr den Kosenamen „Jumbo-Jet" eintrug.

> **Typ:** Boeing 747-400ER
> **Verwendung:** Passagierflugzeug
> **Spannweite:** 64,40 m
> **Länge:** 70,70 m
> **Antrieb:** 4 GE CF6-80 mit je 274 kN (27 940 kp) Schub
> **max. Startmasse:** 412 800 kg
> **Reisegeschwindigkeit:** 920 km/h
> **Reichweite:** 14 200 km (mit max. Zuladung)
> **Reiseflughöhe:** 12 800 m
> **Passagiere:** 366–524

Der Buckel beherbergt, über dem unteren Fluggastdeck, das Cockpit. Der ans Cockpit anschließende Ruheraum wurde im Laufe der Entwicklung zu einem zweiten Fluggastdeck (mit Sitzplätzen der First- oder Business-Class) ausgebaut. Vom Zeitpunkt des Erstflugs bis zur Vorstellung des Airbus A380 war die Boeing 747 das größte Passagierflugzeug der Welt.

Boeing 777

Zweistrahliges Verkehrsflugzeug für Langstrecken (Erstflug 14.06.1994). Die 777-200 ist das Basismodell, die 777-200 ER das Basismodell mit vergrößerter Reichweite; die 777-100 ist eine Kurzversion des Basismodells. Die 777-200 LR (Long Range) wird als „Worldliner" vermarktet (Reichweite 17 446 km). Die 777-300 ist die verlängerte Grundversion (mit bis zu 550 Sitzplätzen).

Typ: Boeing 777-200
Verwendung: Passagierflugzeug
Spannweite: 60,90 m
Länge: 63,70 m
Antrieb: 2 Pratt & Whitney 4090 Turbofans mit je 349 kN (35 588 kp) Schub
max. Startmasse: 247 210 kg
Reisegeschwindigkeit: 892 km/h
Reichweite: 9649 km
Reiseflughöhe: 13 110 m
Passagiere: 305

Boeing 787

Zweistrahliges Großraumflugzeug (Erstflug 15.12.2009). Die Boeing 787 kam zum Programmstart am 26. April 2004 in drei Varianten auf den Markt: die Mittelstreckenversion 787-3 und die Langstreckenversionen 787-8 und 787-9 mit vergrößerter Spannweite. Am 8. Juli 2007 beim Rollout als „Dreamliner" vorgestellt und mit Vorschusslorbeeren überhäuft, geriet das Projekt schnell in schwere Turbulenzen. Immer wieder verzögerten konstruktive Fertigungsmängel die Erstflug- und Auslieferungstermine. Kunden drohten mit Stornierung ihrer Bestellungen – der Traum vom Dreamliner wurde vorerst zum Albtraum.

Typ: Boeing 787-8
Verwendung: Passagierflugzeug
Spannweite: 58,80 m
Länge: 56,69 m
Antrieb: 2 General Electric GEnx oder Rolls-Royce Trent 1000 mit je 236–333 kN (24 065–33 957 kp) Schub
max. Startmasse: 233 000 kg
Reisegeschwindigkeit: 903 km/h
Reichweite: 14 200–15 200 km
Reiseflughöhe: ca. 13 100 m
Passagiere: 210–250

PASSAGIER- UND FRACHTFLUGZEUGE

Bombardier Challenger 850

Zweistrahliges Geschäftsreiseflugzeug (Erstflug im August 2006 bei Lufthansa Technik) und Flaggschiff der Challenger-Baureihe. Die Challenger 850 ist die modifizierte Version des Regionalflugzeugs CRJ200 (CRJ = Canadair Regional Jet). Während die CRJ200 noch 50 Passagieren Platz bot, ist die Komfortkabine der Challenger 850 für 14 Fluggäste ausgelegt. Entwurf und Gestaltung der Kabine bei Lufthansa Technik.

Typ: Bombardier Challenger 850
Verwendung: Geschäftsreiseflugzeug
Spannweite: 21,21 m
Länge: 26,77 m
Antrieb: 2 Turbofans General Electric CF34-3B1 mit je 38,84 kN (3961 kp) Startschub
max. Startmasse: 24 040 kg
Reisegeschwindigkeit: 850 km/h
Reichweite: 5129 km
Gipfelhöhe: 12 497 m
Passagiere: 14

PASSAGIER- UND FRACHTFLUGZEUGE

Bombardier Global Express XRS

Zweistrahliges Reiseflugzeug in Tiefdecker-Auslegung mit T-Leitwerk (Dienstbeginn 2006). Die Maschine ist eine Weiterführung des Global-Konzepts, das mit der Global 5000 begonnen wurde; entwickelt für besonders lange Strecken. Der Jet zielt auf Firmen- und Privatkunden ab.

Typ: Bombardier Global Express XRS
Verwendung: Reiseflugzeug
Spannweite: 28,60 m
Länge: 30,30 m
Antrieb: 2 Rolls-Royce BR710A2-20 Turbofans mit je 65,6 kN (6690 kp) Schub
max. Startmasse: 44 450 kg
Reisegeschwindigkeit: 904 km/h
Reichweite: 11 389 km
Gipfelhöhe: 15 545 m
Passagiere: 8–19

PASSAGIER- UND FRACHTFLUGZEUGE

British Aerospace ATP

Zweimotoriges Passagier- und Transportflugzeug in Tiefdecker-Auslegung, entstanden als verlängerte Weiterentwicklung (5,50 m längerer Rumpf) der Avro/HS-748 (Erstflug am 06.08.1986). Die ATP (Advanced Technology turboProp) ist mit moderner Avionik und einem EFIS-Glascockpit ausgestattet. Die langsam laufenden Sechsblatt-Propeller sorgen für eine niedrige Lärmbelastung.

Typ: British Aerospace ATP
Verwendung: Passagierflugzeug
Spannweite: 30,62 m
Länge: 26,00 m
Antrieb: 2 Pratt & Whitney Canada PW124A mit je 1852 kW (2518 PS)
max. Startmasse: 22 450 kg
Reisegeschwindigkeit: 490 km/h
Reichweite: 2300–3600 km
Gipfelhöhe: 8100 m
Passagiere: 64–72 + 1 Pilot

PASSAGIER- UND FRACHTFLUGZEUGE

Britten-Norman BN-2A Mk III Trislander

Dreimotoriges britisches Passagierflugzeug für Kurzstrecken (Erstflug 11.09.1970). Der Typ ist von der Britten-Norman BN-2 Islander abgeleitet. Offensichtlich von den dreistrahligen Passagierjets, wie der DC-10 oder der Lockheed L1011, inspiriert, wurde ein drittes Propellertriebwerk hoch am Heck montiert, das das leere Flugzeug, trotz des im Vergleich zum Islander gestreckten Rumpfes, so stark hecklastig macht, dass es mit einer Heckstütze gesichert werden muss. Wegen eines fehlenden Mittelgangs erfolgt der Passagiereinstieg über jeweils drei Türen an jeder Rumpfseite.

Typ: BN-2A Mk III Trislander
Verwendung: Passagierflugzeug
Spannweite: 16,15 m
Länge: 15,01 m
Antrieb: 3 Lycoming O-540-E4C5 mit je 195 kW (265 PS)
max. Startmasse: 4500 kg
Reisegeschwindigkeit: 267 km/h
Reichweite: 1600 km
Gipfelhöhe: 4000 m
Passagiere: 18

Canadair (Bombardier) CRJ 900

Zweistrahliges Regionalverkehrsflugzeug (Erstflug 21.02.2001) in Tiefdecker-Auslegung; es ist die gestreckte Ableitung aus der CRJ 700 mit erhöhter Startmasse. Die Version CRJ 900ER (mit einer vergrößerten Reichweite) und die Langstreckenversion CRJ 900LR werden ebenfalls angeboten.

Typ: CRJ 900
Verwendung: Regionalverkehrsflugzeug
Spannweite: 23,24 m
Länge: 36,40 m
Antrieb: 2 General Electric CF34-8C5 mit je 63,4 kN (6424 kp) Schub
max. Startmasse: 36 514 kg
Reisegeschwindigkeit: 829 km/h
Reichweite: 2774 km
Gipfelhöhe: 12 500 m
Passagiere: 86

PASSAGIER- UND FRACHTFLUGZEUGE

Cessna Citation X (Model 750)

Zweistrahliges Geschäftsreiseflugzeug. Als die US-Luftfahrtbehörde FAA 1996 die Musterzulassung erteilte, war die Citation X das schnellste Zivilflugzeug und bei einer Reichweite von 5700 km bei Betrieb und Unterhalt außerordentlich wirtschaftlich. Ihre Kabine war die komfortabelste und größte aller bis dahin gebauten Cessna-Maschinen. Fünf große Kathodenstrahlbildschirme präsentieren den beiden Piloten alle flugrelevanten Informationen. Abgerundet wird die Avionik durch GPS-Navigation, ein Verkehrswarn- und Kollisionsvermeidungs- sowie ein Bodenannäherungssystem.

Typ: Cessna Citation X (Model 750)
Verwendung: Geschäftsreiseflugzeug
Spannweite: 19,48 m
Länge: 22,04 m
Antrieb: 2 Turbofans Rolls-Royce AE3007C1 mit je 30,09 kN (3068 kp) Schub
max. Startmasse: 16 375 kg
Reisegeschwindigkeit: 972 km/h
Reichweite: 5686 km
Gipfelhöhe: 15 545 m
Passagiere: 8

PASSAGIER- UND FRACHTFLUGZEUGE

Convair CV 440 Metropolitan

Zweimotoriges Passagierflugzeug in Tiefdecker-Auslegung mit konventionellem Leitwerk (Erstflug am 06.10.1955). Die Convair CV 440 Metropolitan ist eine Weiterentwicklung der Convair CV 340. Der verlängerte Rumpf nahm eine Wetterradar-Ausrüstung auf. Dank neuer Abgasanlage (Schubdüse) sank der Geräuschpegel in der Kabine.

Typ: Convair CV 440 Metropolitan
Verwendung: Passagierflugzeug
Spannweite: 32,12 m
Länge: 24,84 m
Antrieb: 2 Pratt & Whitney R-2800 CB16 oder CB17 18-Zylinder-Doppelsternmotoren mit je 1865 kW (2535 PS)
max. Startmasse: 22 540 kg
Reisegeschwindigkeit: 465 km/h
Reichweite: 2800 km
Gipfelhöhe: 7700 m
Passagiere: 50

PASSAGIER- UND FRACHTFLUGZEUGE

Dassault Falcon 900

Dreistrahliges Reiseflugzeug für Langstrecken (Erstflug am 21.09.1984). Die Falcon 900 wird in verschiedenen Versionen angeboten, Version 900C hat im Jahr 2000 die fast zehn Jahre lang produzierte Version 900B abgelöst. Haupteinsatzgebiete sind Geschäfts- und Erlebnisreisen, Kreuzfahrt-Austauschflüge und Frachttransporte. Die Maschine wird häufig von Chartergesellschaften genutzt.

Typ: Dassault Falcon 900C
Verwendung: Reise- und Frachtflugzeug
Spannweite: 19,30 m
Länge: 20,20 m
Antrieb: 3 Allied Signal TFE 731 5AR mit je 19,6 kN (2000 kp) Schub
max. Startmasse: 20 640 kg
Reisegeschwindigkeit: 830 km/h
Reichweite: 7000 km
Gipfelhöhe: 15 500 m
Passagiere: 19 + 2 Besatzung

De Havilland DH.106 Comet

Vierstrahliges Passagierflugzeug in Tiefdecker-Auslegung, das erste strahlgetriebene Passagierflugzeug der Welt (Erstflug am 27.07.1949). Die BOAC nahm 1952 den regelmäßigen Liniendienst mit der Comet 1 auf. Drei schwere Unfälle 1954 – sie waren auf Materialermüdungen an der Druckkabine, besonders an den quadratischen Fenstern, und daraus folgendem plötzlichen Druckabfall zurückzuführen – ruinierten den Ruf dieses Typs. Obwohl die anfälligen Versionen der Comet bereits aus dem Verkehr gezogen worden waren und mit der Comet 4 (Erstflug am 27.04.1958) ein sehr zuverlässiges Flugzeug zur Verfügung stand (mit runden Fenstern übrigens – wie heute bei fast allen Jets üblich), war De Havilland der Konkurrenz durch die Boeing 707 und die DC 8 nicht mehr gewachsen. Auf Basis der Comet wurde der Seeaufklärer Nimrod entwickelt.

Typ: De Havilland DH.106 Comet 4
Verwendung: Transport- und Passagierflugzeug
Spannweite: 34,98 m
Länge: 33,98 m
Antrieb: 4 Rolls-Royce Avon 524 mit je 46,7 kN (4760 kp) Schub
max. Startmasse: 73 480 kg
Reisegeschwindigkeit: 805 km/h
Reichweite: 5190 km
Gipfelhöhe: 12 200 m
Passagiere: 56–109

PASSAGIER- UND FRACHTFLUGZEUGE

DHC-4 Caribou

Zweimotoriges Transport- und Passagierflugzeug mit STOL-Eigenschaften (Erstflug 30.07.1958). Das Flugzeug vereinigt die STOL-Eigenschaften der Beaver und Otter mit einer Ladekapazität, die etwa der einer DC-3 entspricht. Die Maschine – auch in der militärischen Version – wurde erfolgreich exportiert; die Produktion endete 1973 nach 307 Einheiten.

Typ: De Havilland Canada DHC-4A Caribou
Verwendung: Mehrzweckflugzeug
Spannweite: 29,15 m
Länge: 22,13 m
Antrieb: 2 Pratt & Whitney R-2000-7M2 Twin Wasp mit je 1080 kW (1470 PS)
max. Startmasse: 12 930 kg
Reisegeschwindigkeit: 293 km/h
Reichweite: 390–2100 km
Gipfelhöhe: 7560 m
Passagiere: 30 (oder 3630 kg Fracht)

DHC Dash 8Q-200

Zweimotoriges Regionalverkehrsflugzeug. Diese Version bekam neue Triebwerke, eine höhere Geschwindigkeit und mehr Reichweite. Mittlerweile wird die Dash 8 von Bombardier Aerospace gefertigt, in das De Havilland Canada 1992 eingegliedert wurde. Vom 2. Quartal 1996 an wurde auch die 8-200 als Q-Typ (für quiet) mit aktiver Geräusch- und Vibrationsdämmung ausgeliefert.

Typ: De Havilland Canada DHC-8Q-200
Verwendung: Regionalverkehrsflugzeug
Spannweite: 25,90 m
Länge: 22,30 m
Antrieb: 2 Pratt & Whitney Canada PW123 mit je 1581 kW (2150 PS)
max. Startmasse: 19 500 kg
Reisegeschwindigkeit: 550 km/h
Reichweite: 2200 km
Reiseflughöhe: 7600 m
Passagiere: 37–39

PASSAGIER- UND FRACHTFLUGZEUGE

Dornier Do 328

Regional-Passagierflugzeug. TNT (Tragflügel neuer Technologie) und neue Propeller verliehen der Dornier 328 zwar verbesserte Flugeigenschaften, aber nicht den kommerziellen Erfolg. Konsequenterweise reagierte Fairchild-Dornier mit der strahlgetriebenen 328-300 (328JET). Als sich der Markttrend zu größeren Jets verlagerte, suchte Fairchild-Dornier den Erfolg mit den gestreckteren 428Jet, 528JET, 728JET und 928JET. Aber auch diese Modelle scheiterten an der schwachen Nachfrage und am Konkurs der Firma Fairchild-Dornier im Jahr 2002.

Typ: Dornier Do 328-100
Verwendung: Passagierflugzeug
Spannweite: 20,98 m
Länge: 21,11 m
Antrieb: 2 Pratt & Whitney Canada PW119B Propellerturbinen mit je 1380 kW (1877 PS)
max. Startmasse: 13 900 kg
Reisegeschwindigkeit: max. 620 km/h
Reichweite: 1350 km
Gipfelhöhe: 9450 m
Passagiere: 33

PASSAGIER- UND FRACHTFLUGZEUGE

Douglas DC-1

Prototyp eines zweimotorigen Verkehrsflugzeugs (Erstflug 01.07.1933); das Kürzel DC steht für Douglas Commercial und gab der gesamten Baureihe den Namen. Nur eine einzige DC-1 wurde gebaut und von der TWA im Liniendienst erprobt. Sie war aber der Ausgangspunkt der berühmten Reihe erfolgreicher Entwicklungen. Für den Serienbau streckte man das Modell: So entstand die DC-2.

Typ: Douglas DC-1
Verwendung: Passagierflugzeug
Spannweite: 25,91 m
Länge: 18,29 m
Antrieb: 2 Pratt & Whitney Hornet SDG-1690D mit je 515 kW (700 PS)
max. Startmasse: 7938 kg
Reisegeschwindigkeit: 306 km/h
Reichweite: 1609 km
Gipfelhöhe: 7010 m
Passagiere: 12

PASSAGIER- UND FRACHTFLUGZEUGE

Douglas DC-3

Zweimotoriges Verkehrsflugzeug in Tiefdecker-Auslegung (Erstflug am 17.12.1935). In der Zeit vor dem 2. Weltkrieg dominierte sie – sicher, wartungsfreundlich und wirtschaftlich – im zivilen Luftverkehr der USA. In der militärischen Version (von der RAF „Dakota" genannt, bei der USAF als C-47 bekannt) war sie seit dem 2. Weltkrieg ein weit verbreitetes Transportflugzeug. Von der DC-3 wurden 10 655 Einheiten im Original und 4937 in Lizenz gebaut.

Typ: Douglas DC-3
Verwendung: Passagier- und Transportflugzeug
Spannweite: 28,90 m
Länge: 19,70 m
Antrieb: 2 Pratt & Whitney Twin Wasp S1C3-G mit je 895 kW (1217 PS)
max. Startmasse: 11 431 kg
Höchstgeschwindigkeit: 300 km/h
Reichweite: 2170 km
Gipfelhöhe: 6620 m
Passagiere: 32 + 2 Besatzung

Douglas (McDonnell Douglas) DC-8

Vierstrahliges Passagierflugzeug (Erstflug am 30.05.1958), in Tiefdecker-Auslegung. Knapp ein Jahr nach der Boeing 707 in Dienst gestellt, wurden 1959 bis 1972 insgesamt 556 Maschinen verschiedener Versionen ausgeliefert. Mitte der 1960er-Jahre wurde die DC-8 weiterentwickelt. Die sogenannte Super Sixty konnte bis zu 259 Passagiere über extrem lange Distanzen befördern. Bemerkenswert: Am 21.08.1961 erreichte eine DC-8-43 als erster Passagierjet im Sinkflug Überschallgeschwindigkeit (Mach 1,012).

Typ: Douglas DC-8-50
Verwendung: Passagierflugzeug
Spannweite: 43,41 m
Länge: 45,87 m
Antrieb: 4 Pratt & Whitney JT3D3 mit je 80,1 kN (8170 kp) Schub
max. Startmasse: 147 415 kg
Reisegeschwindigkeit: max. 933 km/h
Reichweite: 9200–11 260 km
Passagiere: 132, 144 oder 179

PASSAGIER- UND FRACHTFLUGZEUGE

Douglas (McDonnell Douglas) DC-9

Zweistrahliges Verkehrsflugzeug für Kurzstrecken in Tiefdecker-Auslegung mit T-Leitwerk (Erstflug am 25.02.1965). Ähnlich wie bei der französischen Caravelle waren die beiden Triebwerke am Heck angebracht. Das ermöglichte einen „sauberen" Tragflügel. Im Laufe der Produktionszeit (bis 1982) wurden verschiedene zivile und militärische Versionen gebaut. 1980 absolvierte die Nachfolgerin MD-80 (als DC-9-80 entwickelt) ihren Erstflug. Sie löste den Typ DC-9 seit 1982 in der Produktion ab. Auf die MD-80-Versionen folgten später die Flugzeuge der Baureihen MD-90.

Typ: Douglas DC-9-50
Verwendung: Passagierflugzeug
Spannweite: 28,47 m
Länge: 40,72 m
Antrieb: 2 JT8D-15 mit je 69 kN (7040 kp) oder JT8D-17 mit je 71,2 kN (7260 kp) Schub
max. Startmasse: 54 885 kg
Reisegeschwindigkeit: max. 898 km/h
Reichweite: max. 3325 km
Reiseflughöhe: 10 000 m
Passagiere: max. 139

Douglas (McDonnell Douglas) DC-10

Dreistrahliges Verkehrsflugzeug für Langstrecken (Erstflug am 29.08.1970). Mit der DC-10 stieg McDonnell Douglas in den Markt für Großraumflugzeuge ein.

Typ: Douglas DC-10-30
Verwendung: Passagier- und Frachtflugzeug
Spannweite: 50,39 m
Länge: 55,06 m
Antrieb: 3 General Electric CF6-50C2 mit je 226,8 kN (23 127 kp) Startleistung
max. Startmasse: 251 815 kg
Höchstgeschwindigkeit: 960 km/h
Reichweite: 7400 km (volle Nutzlast) bis 10 500 km
Gipfelhöhe: 9965 m
Passagiere: 256–380

Neben der Hauptversion DC-10-10 bot der Hersteller zahlreiche weitere Passagier-, Fracht- und Militärversionen an, von denen besonders die Langstreckenversion DC-10-30 erfolgreich war. Die Langstreckenversion DC-10-40 bekam neue Triebwerke. Im Dezember 1988 wurde die DC-10-Produktion nach 446 Einheiten zugunsten der MD-11 eingestellt. Die charakteristische Triebwerksanordnung wurde von verschiedenen anderen Flugzeugherstellern nachgeahmt.

PASSAGIER- UND FRACHTFLUGZEUGE

Embraer EMB 110 Bandeirante

Zweimotoriges Passagierflugzeug für den Regionalverkehr (Erstflug am 09.08.1972). Insgesamt wurden bis 1990 ca. 500 Einheiten in verschiedenen Versionen gebaut. Viele der Flugzeuge sind noch heute im Einsatz, vor allem in Brasilien, im pazifischen Raum und in Kanada. Eine militärische Version, die EMB 111 M, wurde als Marinepatrouillenflugzeug gebaut.

Typ: Embraer EMB 110P
Verwendung: Passagierflugzeug
Spannweite: 15,32 m
Länge: 15,10 m
Antrieb: 2 Pratt & Whitney PT6A-34 mit je 560 kW (760 PS)
max. Startmasse: 5700 kg
Reisegeschwindigkeit: max. 417 km/h
Reichweite: 1964 km
Passagiere: 18 + 2 Besatzung

Embraer EMB 120

Zweimotoriges Passagierflugzeug in Tiefdecker-Auslegung mit T-Leitwerk für den Regionalverkehr (Erstflug 27.07.1983). Als Zubringerflugzeug entwickelt, hat sich das Flugzeug auch auf dem europäischen und dem US-amerikanischen Markt durchsetzen können.

Typ: Embraer EMB 120
Verwendung: Passagierflugzeug
Spannweite: 19,80 m
Länge: 20,00 m
Antrieb: 2 Pratt & Whitney Canada 115 mit je 872 kW (1185 WPS)
max. Startmasse: 11 500 kg
Reisegeschwindigkeit: max. 550 km/h
Reichweite: 1750 km
Gipfelhöhe: 9085 m
Passagiere: 28–30 + 2 Besatzung

Embraer EMB 175

✈ **Zweistrahliges Verkehrsflugzeug** (Erstflug 14.06.2003); gegenüber dem Typ EMB 170 wurde es um 1,78 m gestreckt: Vor und hinter den Tragflächen hat man jeweils ein Rumpfsegment eingefügt. Mit der EMB 170 ist die gestreckte Version ansonsten zu 95 Prozent baugleich. In der EMB 175 werden unterschiedliche Bestuhlungsvarianten angeboten.

Typ: Embraer EMB 175
Verwendung: Mittelstrecken-Verkehrsflugzeug
Spannweite: 26,00 m
Länge: 31,68 m
Antrieb: 2 General Electric CF34-8E mit je 62,3 kN (6350 kp) Startleistung
max. Startmasse: 35 990 kg
Reisegeschwindigkeit: 870 km/h
Reichweite: 3334 km
Gipfelhöhe: 10 700 m
Passagiere: 78–86

PASSAGIER- UND FRACHTFLUGZEUGE

Embraer EMB 195

Zweistrahliges Verkehrsflugzeug; gestreckte Version der EMB 190: Zwei Rumpfsegmente wurden vor und hinter den Tragflächen eingefügt (Erstflug Dezember 2004). Neben der Standardversion wird auch die Langstreckenversion (LR) gefertigt. Außerdem wird die LR-Version mit vergrößerter Treibstoffzuladung und um 550 km verlängerter Reichweite angeboten.

Typ: Embraer EMB 195 LR
Verwendung: Mittelstrecken-Verkehrsflugzeug
Spannweite: 28,72 m
Länge: 38,65 m
Antrieb: 2 General Electric CF34-10E mit je 82,3 kN (8390 kp) Startleistung
max. Startmasse: 48 790 kg
Reisegeschwindigkeit: 870 km/h
Reichweite: 3334 km
Gipfelhöhe: 10 700 m
Passagiere: 108–118

PASSAGIER- UND FRACHTFLUGZEUGE

Focke-Wulf A 17 Möwe

Einmotoriges Passagierflugzeug in Schulterdecker-Auslegung (Erstflug 1927). Die A 17 übertraf hinsichtlich ihrer Wirtschaftlichkeit nahezu alle damals eingesetzten Verkehrsflugzeuge. Die Möwe stand bis 1937 in Dienst (u. a. auf den Linien Berlin–Zürich und Berlin–Paris). Im Laufe der Bauzeit wurde das Flugzeug mit stärkeren Motoren ausgerüstet.

Typ: Focke-Wulf A 17
Verwendung: Passagierflugzeug
Spannweite: 20,00 m
Länge: 13,00 m
Antrieb: 1 Gnome-Rhône Jupiter mit 310 kW (420 PS)
max. Startmasse: 3610 kg
Reisegeschwindigkeit: 160 km/h
Reichweite: 700 km
Gipfelhöhe: 4300 m
Passagiere: 8–9 + 2 Besatzung

Focke-Wulf Fw 200 Condor

Viermotoriges Passagierflugzeug, freitragender Tiefdecker. Schon die ersten Erprobungen 1937 versprachen Erfolg und die Lufthansa gab sofort die erste Serie in Auftrag. So folgten neun Fw 200A und die ersten Exportaufträge: je zwei Maschinen für Dänemark (Abbildung) und Brasilien. Anschließend wurde mit der Fw 200B die erste größere Serienversion mit stärkeren BMW-Motoren gebaut. Die zur Langstreckenmaschine (Fw 200S-1) umgebaute V-1 flog im August 1938 die Strecke New York–Berlin in knapp 20 Stunden.

Typ: Fw 200A (Serie)
Verwendung: Passagierflugzeug
Spannweite: 32,84 m
Länge: 23,85 m
Antrieb: 4 BMW 132G-1 mit je 530 kW (720 PS)
max. Startmasse: 14 600 kg
Reisegeschwindigkeit: 335 km/h
Reichweite: 1450 km
Gipfelhöhe: 7200 m
Passagiere: 26 + 4 Besatzung

Fokker/Fairchild F.27 Friendship

Zweimotoriges Verkehrsflugzeug in Hochdecker-Auslegung (Erstflug des ersten Prototyps 24.11.1955), das ursprünglich als Ersatz für die weit verbreitete DC-3 entwickelt wurde. Es entstand ein multifunktionales Flugzeug mit Druckkabine in unterschiedlichen (zivilen und militärischen Versionen). Mittels Rumpfverlängerung erweiterte man die Passagierkapazität von 44 auf 52. 1956 schloss Fokker einen Vertrag mit Fairchild zur Produktion des Flugzeugs in den USA. Die erste dort gebaute Maschine (Abbildung) flog 1958. Mit über 800 gebauten und verkauften Einheiten war die Fokker F.27 eine der erfolgreichsten Turboprop-Maschinen aller Zeiten.

Typ: Fokker F.27-200
Verwendung: Passagier- und Transportflugzeug
Spannweite: 29,00 m
Länge: 23,50 m
Antrieb: 2 Rolls-Royce Dart Mk.528 Propellerturbinen mit je 1730 kW (2350 PS)
max. Startmasse: 19 050 kg
Reisegeschwindigkeit: max. 483 km/h
Reichweite: 1470 km
Gipfelhöhe: 9935 m
Passagiere: 44 + 2 Besatzung

PASSAGIER- UND FRACHTFLUGZEUGE

Fokker F.28 Fellowship

Zweistrahliges Verkehrsflugzeug für Kurzstrecken in Tiefdecker-Auslegung mit T-Leitwerk (Erstflug 09.05.1967). Die Produktion, in Kooperation mit MMB und Short bei Endmontage in Amsterdam, endete 1987 nach 241 Einheiten. Gebaut wurden die Versionen -1000, die um 2,5 m verlängerte -2000 für 79 Passagiere, -5000 und -6000 mit stärkeren Triebwerken und Vorflügeln und -3000 und -4000 mit verlängerten Tragflächen.

Typ: Fokker F.28-3000
Verwendung: Passagierflugzeug
Spannweite: 25,07 m
Länge: 27,40 m
Antrieb: 2 Rolls-Royce RB1832 Spey Mk.55515P mit je 44 kN (4486 kp) Schub
max. Startmasse: 33 110 kg
Reisegeschwindigkeit: max. 850 km/h
Reichweite: 2443 km
Gipfelhöhe: 10 675 m
Passagiere: 64

PASSAGIER- UND FRACHTFLUGZEUGE

Fokker 50

Zweimotoriges Passagierflugzeug (Erstflug 1985). Obwohl äußerlich der F-27 ähnlich, ist die Fokker 50 dennoch ein überwiegend neu konstruiertes Flugzeug für den Regional- und Kurzstreckenverkehr (in den Versionen 50-100 und 50-300 – auch Konfigurationen für den kombinierten Passagier- und Frachtverkehr). Die Produktion der Fokker 50 endete 1997 nach 205 Einheiten.

Typ: Fokker 50-100
Verwendung: Passagierflugzeug
Spannweite: 29,00 m
Länge: 25,25 m
Antrieb: 2 Pratt & Whitney Canada PW125B mit je 1864 kW (2535 PS)
max. Startmasse: 19 950 kg
Reisegeschwindigkeit: max. 532 km/h
Reichweite: 2055 km
Gipfelhöhe: 4400 m
Passagiere: 50-58 + 2 Besatzung

PASSAGIER- UND FRACHTFLUGZEUGE

Fokker 100

Zweistrahliges Passagierflugzeug in Tiefdecker-Auslegung mit T-Leitwerk (Erstflug 30.11.1986), Weiterentwicklung der F-28 von Fokker. Sie fiel durch eine für damalige Verhältnisse sensationell niedrige Lärmbelastung („Flüsterjet") positiv auf. Seit 1994 gab es eine Version mit Frachttür an der linken Rumpfvorderseite, die schnell vom Passagier- auf den Frachtverkehr umzurüsten war.

Typ: Fokker 100
Verwendung: Passagierflugzeug
Spannweite: 28,08 m
Länge: 35,31 m
Antrieb: 2 Rolls-Royce Tay Mk.650-15 mit je 68 kN (6934 kp) Schub
max. Startmasse: 44 500 kg
Reisegeschwindigkeit: 755 km/h
Reichweite: 4300 km
Gipfelhöhe: 11 900 m
Passagiere: 95–107

PASSAGIER- UND FRACHTFLUGZEUGE

Gulfstream G 550

Zweistrahliges Reiseflugzeug für lange Strecken, ebenso wie die G 500 aus dem Vorläufertyp (Gulfstream V-SV) entwickelt. Die G 550 verfügt über eine neue Honeywell-Avionik mit LCD-Displays, Cursor Control Devices, Enhanced Vision System (IR) und hat ein Kabinenfenster mehr; außerdem verfügt sie über eine größere Startmasse und eine längere Reichweite. Auch Muster für militärische Anwendungen (etwa als Aufklärer) werden gefertigt.

Typ: Gulfstream G 550
Verwendung: Reiseflugzeug
Spannweite: 28,50 m
Länge: 29,40 m
Antrieb: 2 Rolls Royce BR 710 mit je 68,4 kN (6975 kp) Schub
max. Startmasse: 41 277 kg
Reisegeschwindigkeit: 904 km/h
Reichweite: 12 500 km
Gipfelhöhe: 15 545 m
Passagiere: 14–18 + 2 Besatzung

Hamburger Flugzeugbau HFB 320 Hansa Jet

Zweistrahliges Geschäftsreise- und Zubringerflugzeug in Mitteldecker-Auslegung mit T-Leitwerk der Hamburger Flugzeugbau GmbH (Erstflug 21.04.1964); das erste deutsche strahlgetriebene Verkehrsflugzeug, das tatsächlich in Serie gebaut (seit 1967 in Hamburg-Finkenwerder) und ausgeliefert wurde. Als Besonderheit fallen die Tragflächen mit ihrer negativen Pfeilung von 15° auf. Nach der Übernahme durch Messerschmitt-Boelkow-Blohm (MBB) wurde die Maschine weiterproduziert, aber insgesamt nur 45 Einheiten verkauft.

Typ: HFB 320
Verwendung: Geschäftsreise- und Zubringerflugzeug
Spannweite: 14,49 m
Länge: 16,61 m
Antrieb: 2 General Electric CJ610-9 mit je 12,7 kN (1295 kp) Schub
max. Startmasse: 9200 kg
Reisegeschwindigkeit: 700 km/h
Reichweite: max. 2300 km
Gipfelhöhe: 11 600 m
Passagiere: 12 + 2 Besatzung

PASSAGIER- UND FRACHTFLUGZEUGE

Hawker Siddeley Trident

Dreistrahliges Passagierflugzeug (Erstflug der Version 2E 27.07.1967). Die Entwicklung führte über die Versionen Trident 1 (103 Passagiere, 1962) und Trident 1E zur Version Trident 2E. Mit 50 gebauten Einheiten ist sie die kommerziell erfolgreichste Trident. Das verlängerte Nachfolgemodell Trident 3B (1970) hatte ein zusätzliches Hecktriebwerk als Starthilfe.

Typ: Hawker Siddeley HS 121 Trident 2E
Verwendung: Passagierflugzeug
Spannweite: 29,87 m
Länge: 34,98 m
Antrieb: 3 Rolls-Royce RB163-25 Spey 512 mit je 53,15 kN (5420 kp) Schub
max. Startmasse: 65 000 kg
Reisegeschwindigkeit: max. 960 km/h
Reichweite: 4148 km
Gipfelhöhe: 8990 m
Passagiere: 128 + 3 Besatzung

PASSAGIER- UND FRACHTFLUGZEUGE

Heinkel He 70 Blitz

Einmotoriges Schnellverkehrsflugzeug (Erstflug 01.12.1932), Konkurrenzmuster zur Lockheed Orion 9 C. Die He 70 war schneller als die zu ihrer Zeit in Dienst befindlichen Jagdflugzeuge und besaß als erstes Verkehrsflugzeug der Welt ein Einziehfahrwerk. 1933 stellte sie acht internationale Geschwindigkeitsrekorde auf. Vier Passagiere nahmen einander gegenüber auf je zwei Doppelsitzen Platz.

Typ: Heinkel He 70
Verwendung: Passagierflugzeug
Spannweite: 14,80 m
Länge: 11,70 m
Antrieb: 1 BMW VI 7,3 mit 552 kW (750 PS)
max. Startmasse: 3310 kg
Reisegeschwindigkeit: 323 km/h
Reichweite: max. 2100 km
Gipfelhöhe: max. 5500 m
Passagiere: 4 + 2 Besatzung

PASSAGIER- UND FRACHTFLUGZEUGE

Iljuschin Il-12

Zweimotoriges Passagier- und Transportflugzeug (Erstflug am 07.01.1946). Die Maschine sollte die Li-2 ablösen, mit der sie konstruktive Ähnlichkeiten aufweist. Gebaut wurden insgesamt etwa 3000 Einheiten, die unter den unterschiedlichsten Wetter- und Einsatzbedingungen flogen. Sie wurden im Liniendienst der Aeroflot und auch in Polen und der Tschechoslowakei eingesetzt.

Typ: Iljuschin Il-12
Verwendung: Passagierflugzeug
Spannweite: 31,70 m
Länge: 21,30 m
Antrieb: 2 ASch-82 FN mit je 1360 kW (1850 PS)
max. Startmasse: 17 000 kg
Reisegeschwindigkeit: 320 km/h
Reichweite: 1900 km
Gipfelhöhe: 6700 m
Passagiere: 24 (bis max. 32) + 4–5 Besatzung

PASSAGIER- UND FRACHTFLUGZEUGE

Iljuschin Il-18

Viermotoriges Passagierflugzeug für Mittel- und Langstrecken (Erstflug 04.06.1957). Die Maschine wurde von Propellerturbinen angetrieben und besaß eine Druckkabine. Die Grundversion (ab 1959) war für 75 Passagiere ausgelegt. Die Version Il-18B bot 84 Passagieren Platz. Die Versionen D und E besaßen eine verlängerte Kabine; die Version D außerdem Zusatztanks für Langstreckenflüge. Die Maschine galt als robust und zuverlässig und war weit verbreitet.

Typ: Iljuschin Il-18D
Verwendung: Passagierflugzeug
Spannweite: 35,90 m
Länge: 37,40 m
Antrieb: 4 Iwtschenko AI-20M mit je 3125 kW (4250 PS)
max. Startmasse: 64 000 kg
Reisegeschwindigkeit: 625 km/h
Reichweite: 4270 km
Gipfelhöhe: 9000 m
Passagiere: 110–122 + 5 Besatzung

Iljuschin Il-76

Vierstrahliges Transportflugzeug in Schulterdecker-Auslegung (Erstflug 25.03.1971). In der militärischen Version kann es schweres Gerät transportieren und auch auf unbefestigten Plätzen landen. Außer in der Sowjetunion und deren Nachfolgestaaten flog oder fliegt die Il-76 in diversen Modifikationen (u. a. auch in einer Löschflugzeug-Version). Die neueste modernisierte Version ist die IL-76-TD mit Triebwerken Perm PS-90A-76 (Erstflug 05.08.2005).

Typ: Iljuschin Il-76
Verwendung: Transportflugzeug
Spannweite: 50,30 m
Länge: 46,30 m
Antrieb: 4 Solowjow D-30KP mit je 120 kN (12 236 kp) Schub
max. Startmasse: 190 000 kg
Reisegeschwindigkeit: 850 km/h
Reichweite: 4800 km
Gipfelhöhe: 13 000 m
Zuladung: 47 t
Besatzung: 7

PASSAGIER- UND FRACHTFLUGZEUGE

Iljuschin Il-96

Vierstrahliges Großraum-Passagierflugzeug (Erstflug 30.08.1988) für Langstrecken. Äußerlich unterscheidet sich die Il-96 von der Il-86 durch ihre größere Spannweite, ihr höheres Seitenleitwerk und durch die auffallenden Winglets. Der Rumpfquerschnitt entspricht dem der Il-86. Gefertigt wurden neben der Grundversion noch weitere Versionen (u. a. für den Frachttransport). Projektiert war auch eine Doppeldeckrumpf-Version für bis zu 550 Passagiere.

Typ: Iljuschin Il-96-300
Verwendung: Passagierflugzeug
Spannweite: 60,10 m
Länge: 55,30 m
Antrieb: 4 Aviadvigatel PS-90A mit je 156,9 kN (16 000 kp) Schub
max. Startmasse: 216 000 kg
Reisegeschwindigkeit: 980 km/h
Reichweite: 8900 km mit max. Nutzlast
Reiseflughöhe: 12 000 m
Passagiere: 235–270; max. 300

PASSAGIER- UND FRACHTFLUGZEUGE

Jakowlew Jak-42

Dreistrahliges sowjetisches Passagierflugzeug in Tiefdecker-Auslegung mit T-Leitwerk (Erstflug 07.03.1975). Die Jak-42, auf der Basis der Jak-40 entwickelt, sollte Typen wie Tu-124, Tu-134 oder Il-18 im Kurz- und Mittelstreckenverkehr ersetzen. Sie nahm 1980 den Flugbetrieb auf. Die größere Jak-42D (für 120 Passagiere) erschien 1989. Seit 1993 ist die neueste Version – mit Avionik von Allied Signal – als Jak-142 im Dienst.

Typ: Jakowlew Jak-42D (Jak-142)
Verwendung: Passagierflugzeug
Spannweite: 34,88 m
Länge: 36,38 m
Antrieb: 3 Turbofans Lotarew D-36 mit je 63,7 kN (6500 kp) Schub
max. Startmasse: 56 500 kg
Reisegeschwindigkeit: max. 810 km/h
Reichweite: max. 4000 km
Gipfelhöhe: 9600 m
Passagiere: 104–120

PASSAGIER- UND FRACHTFLUGZEUGE

Junkers F 13

Einmotoriges Passagierflugzeug in Tiefdecker-Auslegung – das erste Ganzmetallflugzeug der zivilen Luftfahrt (Erstflug 25.06.1919) und das erste Flugzeug der Welt, das eigens für den Passagier-Luftverkehr entworfen wurde. Für die Struktur wurden genietete Duralumin-Streben verwendet. Die geschlossene Kabine war mit Polster- oder Korbsesseln, mit Heizung und Innenbeleuchtung ausgestattet. Die Maschine konnte auch mit Schwimmern oder Kufen ausgerüstet werden. Die anfänglich bescheidene Motorleistung von 118 kW steigerte sich im Laufe der Bauzeit (insgesamt über 60 Varianten der F 13a bis F 13k) bis auf 420 kW. Etwa ein Drittel der 330 gebauten F 13 flogen mit deutschem Kennzeichen.

Typ: Junkers F 13a
Verwendung: Passagierflugzeug
Spannweite: 17,80 m
Länge: 10,50 m
Antrieb: 1 Junkers L2 mit 170 kW (230 PS) ab 1924
max. Startmasse: 1850 kg
Höchstgeschwindigkeit: 170 km/h
Gipfelhöhe: 4000 m
Reichweite: 1200 km
Passagiere: 4 + 2 Besatzung

Junkers G 23/G 24

Dreimotoriges Passagierflugzeug, freitragender Tiefdecker in Ganzmetallbauweise (Erstflug 18.09.1924). Die Junkers G 23 (Abbildung) ist eine nahe Verwandte der G 24. Obwohl die Maschine für die zivile Luftfahrt konzipiert worden war, mussten wegen der alliierten Beschränkungen für den deutschen Flugzeugbau in Deutschland die schwächeren Motoren Mercedes D IIIa eingebaut werden. Die meisten Maschinen wurden nach Schweden überführt, dort auf den technischen Stand der G 24 gebracht und mit schwedischer Zulassung wieder nach Deutschland reimportiert. Ab Mai 1926 durfte die G 24 auch in Dessau montiert werden und die schwedische Umbaupraxis wurde eingestellt.

Typ: Junkers G 23
Verwendung: Passagierflugzeug
Spannweite: 28,50 m
Länge: 15,28 m
Antrieb: 1 Junkers L2, 2 Mercedes D IIIa mit zus. 378 kW (515 PS)
max. Startmasse: 5500 kg
Höchstgeschwindigkeit: 170 km/h
Gipfelhöhe: 4000 m
Passagiere: 9 + 2 Besatzung

PASSAGIER- UND FRACHTFLUGZEUGE

Junkers G 38

Viermotoriges Verkehrsflugzeug in Mitteldecker-Auslegung mit Kastenleitwerk (Erstflug 06.11.1929). Im sogenannten „dicken Flügel" (an der Flügelwurzel 2 m dick), einem Junkers-Patent, fanden neben Motoren und Treibstoff auch Passagiere Platz. Später wurden die Motoren mehrfach gegen stärkere ausgetauscht. Die erste von nur zwei gebauten G 38 ging 1936 in Dessau bei der Landung zu Bruch. Die zweite G 38 wurde im 2. Weltkrieg als Transportflugzeug eingesetzt und im Mai 1941 bei Athen durch einen britischen Luftangriff am Boden zerstört.

Typ: Junkers G 38
Verwendung: Passagierflugzeug
Spannweite: 44,00 m
Länge: 23,20 m
Antrieb: 2 L55 12-Zylinder-V-Motoren mit je 441 kW (600 PS) und 2 L8 6-Zylinder-Reihenmotoren mit je 294 kW (400 PS)
max. Startmasse: 21 500–23 000 kg
Reisegeschwindigkeit: 210 km/h
Reichweite: 3500 km
Passagiere: 30–34 + 7 Besatzung

PASSAGIER- UND FRACHTFLUGZEUGE

Junkers Ju 52/3m

Dreimotoriges Verkehrsflugzeug, freitragender Tiefdecker in Ganzmetallbauweise (Erstflug 07.05.1932). Der Zellaufbau entsprach im Wesentlichen der einmotorigen Vorgängerin Ju 52/1m. In der komfortablen Kabine mit Warmluftheizung, Lüftung, Waschraum und Toilette sowie Stauräumen für Gepäck und Postfracht fanden regulär 15 Passagiere (mit Notsitzen 17) Platz. Die Frachtversionen erhielten ein großes Frachttor rechts im hinteren Rumpfbereich. Für das Cockpit war die Doppelsteuerung der Ju 52/1m beibehalten worden und eine Funkausrüstung installiert. Bis 1945 betrieb die Deutsche Lufthansa mehr als 200 allwettertaugliche „Tante Ju" als Standardflugzeug.

Typ: Junkers Ju 52/3m
Verwendung: Passagierflugzeug
Spannweite: 29,25 m
Länge: 18,90 m
Antrieb: 3 Pratt & Whitney Hornet S1E-G mit je 526 kW (715 PS)
max. Startmasse: 9200 kg
Höchstgeschwindigkeit: 290 km/h
Reichweite: max. 1300 km
Gipfelhöhe: 6300 m
Passagiere: 15 (17) + 2 Besatzung

Junkers Ju 160

Einmotoriges Passagierflugzeug (Erstflug 1934). Gestützt auf die Erfahrungen mit der Ju 60, entstand die Ju 160 als freitragender Tiefdecker in Ganzglattblech-Schalenbauweise mit durchgehendem, spitzem, stark gepfeiltem Doppelflügel. Die Außenoberfläche war bündig und aerodynamisch optimal gestaltet.

Typ: Junkers Ju 160
Verwendung: Schnellverkehrsflugzeug
Spannweite: 14,30 m
Länge: 12,30 m
Antrieb: 1 BMW-132A mit 490 kW (666 PS)
max. Startmasse: 3540 kg
Höchstgeschwindigkeit: 340 km/h
Reichweite: 1100 km
Gipfelhöhe: 5200 m
Passagiere: 6 + 2 Besatzung

Junkers Ju 90

Viermotoriges Passagierflugzeug mit doppeltem Seitenleitwerk (Erstflug 28.08.1937), das aus der Planung für einen strategischen Bomber (Ju 89, Entwicklung abgebrochen) hervorging. Es sollte als Passagierflugzeug mit der Douglas DC-3 konkurrieren. Nach ihrem Herstellungsort wurde sie auch „Der Große Dessauer" genannt. Bei der Erprobung stürzten zwei Muster ab. Bis Kriegsbeginn wurden aber noch sechs Einheiten an die Lufthansa ausgeliefert.

Typ: Junkers Ju 90
Verwendung: Passagierflugzeug
Spannweite: 35,30 m
Länge: 26,42 m
Antrieb: 4 BMW-132h-Sternmotoren mit je 550 kW (750 PS)
max. Startmasse: 23 000 kg
Höchstgeschwindigkeit: 350 km/h
Reichweite: 2092 km
Gipfelhöhe: 5750 m
Passagiere: 40 + 4 Besatzung

PASSAGIER- UND FRACHTFLUGZEUGE

Learjet 23

Zweistrahliges Reiseflugzeug in Tiefdecker-Auslegung (Erstflug am 07.10.1963). Mit dieser Maschine schuf William P. Lear auf der Basis einer schweizerischen Konstruktion einen völlig neuen Flugzeugtypus. Er diente als Vorbild für eine ganze Reihe ähnlicher Flugzeuge, die in der Allgemeinen Luftfahrt eingesetzt wurden. Die Kabine bietet bis zu sechs Passagieren (typischerweise vier) Platz. Bis 1966 wurden von diesem Modell 104 Serienmaschinen gebaut.

Typ: Learjet 23
Verwendung: Reiseflugzeug
Spannweite: 10,84 m
Länge: 13,18 m
Antrieb: 2 General Electric CJ-610-4 mit je 12,7 kN (1295 kp) Schub
max. Startmasse: 5675 kg
Reisegeschwindigkeit: 817 km/h
Reichweite: 2660 km
Gipfelhöhe: 13 750 m
Passagiere: 4–6 + 2 Besatzung

PASSAGIER- UND FRACHTFLUGZEUGE

Learjet (Bombardier) 60

Zweistrahliges Reiseflugzeug für mittlere Strecken (Erstflug am 15.06.1992); basierend auf dem Modell 55 von 1979, aber mit gestrecktem Rumpf. Zur Ausstattung dieser Jets gehören u. a. Satellitentelefon/Fax /Internet (Satcom), Monitor mit Airshow 400, Kabinen-Videosystem, DVD/CD-Player, separate Toilette mit Waschgelegenheit. Der Standard-Kabinenaufbau lässt sich für Nachtflüge leicht zur Kabine mit Schlafplätzen umgestalten. Im Oktober 2006 genehmigte das FAA (Europas EASA zertifizierte ein Jahr später) die Langstreckenversion XR. Sie unterscheidet sich von ihrem Vorgänger durch modernere Avionik und eine neu gestaltete Kabine.

Typ: Learjet 60 XR
Verwendung: Reiseflugzeug
Spannweite: 13,35 m
Länge: 17,89 m
Antrieb: 2 Pratt & Whitney PW305A mit je 20,46 kN (2086 kp) Startschub
max. Startmasse: 10 319 kg
Reisegeschwindigkeit: 846 km/h
Reichweite: max. 4625 km
Gipfelhöhe: 15 545 m
Passagiere: 8–10 + 2 Besatzung

Let L-200 Morava

Zweimotoriges Mehrzweckflugzeug in Tiefdecker-Auslegung mit Doppel-Seitenleitwerk (Erstflug des Prototyps 08.04.1957), das als Reise-, Zubringer- und Sanitätsflugzeug (mit zwei Tragen) und in vielen anderen Funktionen der Allgemeinen Luftfahrt genutzt wurde und wird. Die Zahl der produzierten Moravas lag bei über 1000.

Typ: Let L-200 A Morava
Verwendung: Mehrzweckflugzeug
Spannweite: 12,00 m
Länge: 8,60 m
Antrieb: 2 Walter Minor M 337 mit je 154 kW (210 PS)
max. Startmasse: 1950 kg
Reisegeschwindigkeit: 296 km/h
Reichweite: 1700 km
Gipfelhöhe: 6400 m
Passagiere: 4 + 1 Pilot

PASSAGIER- UND FRACHTFLUGZEUGE

Let L-410 Turbolet

Zweimotoriges Verkehrsflugzeug für Passagier- und Frachtverkehr auf Kurzstrecken (Erstflug des Prototyps 16.04.1969). Es kann auf Grasplätzen starten und landen. Die L-410 wurde in zahlreichen Versionen (erfolgreichste Version ist die L-410UVP mit gestrecktem Rumpf und größerer Spannweite) und mit Spezialausstattungen (etwa als Sanitäts- oder Vermessungsflugzeug) ausgeliefert. Bislang wurden über 1100 Exemplare aller Versionen der L-410 gebaut.

Typ: Let L-410 UVP
Verwendung: Mehrzweckflugzeug
Spannweite: 19,48 m
Länge: 14,47 m
Antrieb: 2 Walter M601B mit je 544 kW (740 PS)
max. Startmasse: 5800 kg
Reisegeschwindigkeit: 375 km/h
Reichweite: 1700 km
Gipfelhöhe: 1040 m
Passagiere: 17–19 + 1 Pilot

PASSAGIER- UND FRACHTFLUGZEUGE

Let L-610

Zweimotoriges Passagierflugzeug in Schulterdecker-Auslegung mit T-Leitwerk, das als Kurzstrecken- und Zubringerflugzeug genutzt wird (Erstflug 28.12.1988). Die Weiterentwicklung der Let L-410 wurde für extreme klimatische Bedingungen entworfen. Nach dem Ende der Sowjetunion wurde sie den Bedürfnissen des westlichen Marktes angepasst (Erstflug der Version L-610G am 18.12.1992).

Typ: Let L-610
Verwendung: Mehrzweckflugzeug
Spannweite: 28,50 m
Länge: 29,40 m
Antrieb: 2 Motolet M-602 mit je 1340 kW (1820 PS)
max. Startmasse: 14 000 kg
Reisegeschwindigkeit: 400 km/h
Reichweite: 2400 km
Gipfelhöhe: 10 250 m
Passagiere: 40 + 2 Besatzung

Lockheed Vega

Einmotoriges Passagierflugzeug in Hochdecker-Auslegung und Holzschalenbauweise (Erstflug am 04.07.1927). Der Pilot und die Passagiere saßen in einer geschlossenen Kabine. Amelia Earhart absolvierte in der Vega 5B NC7952 den ersten Alleinflug rund um die Welt. Als die Produktion auslief, waren insgesamt 128 Vega gebaut worden.

Typ: Lockheed Vega 5C
Verwendung: Reiseflugzeug
Spannweite: 12,50 m
Länge: 8,38 m
Antrieb: 1 Sternmotor Pratt & Whitney Wasp SC-1 mit 330 kW (450 PS)
max. Startmasse: 2155 kg
Höchstgeschwindigkeit: 298 km/h
Reichweite: 885 km
Gipfelhöhe: 5485 m
Passagiere: 6 + 1 Pilot

Lockheed 10/12 Electra

Zweimotoriges Passagierflugzeug in Tiefdecker-Auslegung mit doppeltem Seitenleitwerk (Erstflug 23.02.1934). Die Maschine fasste zehn Passagiere und Gepäck. Eine verkleinerte Version als Zubringer- und Reiseflugzeug wurde als Modell 12 bezeichnet und bot in der verkürzten Kabine sechs Fluggästen Platz.

Typ: Lockheed 10 Electra
Verwendung: Passagierflugzeug
Spannweite: 16,76 m
Länge: 11,76 m
Antrieb: 2 Pratt & Whitney R985-SB mit je 335 kW (456 PS)
max. Startmasse: 4773 kg
Höchstgeschwindigkeit: 353 km/h
Reichweite: 1520 km
Gipfelhöhe: 6100 m
Passagiere: 10 + 2 Besatzung

Lockheed Super Constellation

 Viermotoriges Verkehrsflugzeug (Erstflug 13.10.1950) mit verlängertem Rumpf der Constellation (Einbau zusätzlicher Segmente vor und hinter dem Flügel) und mit rechteckigen Kabinenfenstern. Die Triebwerke verstärkte man mittels Abgasturbine. 1954 entstand die Frachtversion L.1049D. Die Version L.1049G (seit Ende 1954) war am erfolgreichsten.

Typ: Lockheed Super Constellation L.1049G
Verwendung: Passagierflugzeug
Spannweite: 37,50 m
Länge: 34,60 m
Antrieb: 4 18-Zylinder-Doppelsternmotoren Curtiss-Wright R3350-972TC-18DA mit je 2389 kW (3250 PS)
max. Startmasse: 62 370 kg
Reisegeschwindigkeit: 482 km/h
Reichweite: 6480 km
Gipfelhöhe: 7050 m
Passagiere: 76-99 + 7-10 Besatzung

PASSAGIER- UND FRACHTFLUGZEUGE

Lockheed L.1011 Tristar

Dreistrahliges Passagierflugzeug in Tiefdecker-Auslegung mit konventionellem Leitwerk (Erstflug 16.11.1970). Dieses mittelgroße Großraumflugzeug sollte verlorene Marktanteile zurückerobern. Es gab auch Langstreckenversionen und eine Version mit um 4,11 m verkürztem Rumpf. Lockheed beendete die Serie nach 250 Einheiten und zog sich danach aus der Zivilluftfahrt zurück.

Typ: Lockheed L.1011-1 Tristar
Verwendung: Passagierflugzeug
Spannweite: 47,35 m
Länge: 54,35 m
Antrieb: 3 Rolls-Royce RB211-22-02 mit je 180,6 kN (18 416 kp) Schub
max. Startmasse: 195 000 kg
Reisegeschwindigkeit: max. 948 km/h
Reichweite: 5290 km
Gipfelhöhe: 12 800 m
Passagiere: max. 400

PASSAGIER- UND FRACHTFLUGZEUGE

McDonnell Douglas MD-83

Zweistrahliges Verkehrsflugzeug für Mittelstrecken (Erstflug am 17.12.1984). Zwischen 1979 und 1999 wurden über 1190 Einheiten der 80er-Baureihe in fünf Versionen (u. a. eine Frachtversion) gefertigt. Die Version MD-83 verfügt über eine höhere Startmasse und eine größere Reichweite; ansonsten ist sie bis auf die Triebwerke mit der MD-82 weitgehend baugleich.

Typ: McDonnell Douglas MD-83
Verwendung: Passagierflugzeug
Spannweite: 32,87 m
Länge: 45,09 m
Antrieb: 2 Pratt & Whitney JT8D-219 mit je 93,4 kN (9525 kp) Schub
max. Startmasse: 72 560 kg
Reisegeschwindigkeit: 810 km/h
Reichweite: 4630 km
Reiseflughöhe: 10 670 m
Passagiere: 137–172

McDonnell Douglas MD-11

Dreistrahliges Passagierflugzeug in Tiefdecker-Auslegung mit konventionellem Leitwerk für Langstrecken (Erstflug 10.01.1990). Die MD-11 wurde als Nachfolgerin für die DC-10 konzipiert. Sie hat einen längeren Rumpf, aerodynamische Verbesserungen (u. a. die Winglets) und ein sogenanntes Glascockpit. 2001 ließ Boeing die Produktion (nach der Übernahme von McDonnell Douglas) nach etwa 200 Einheiten auslaufen. Viele MD-11 wurden inzwischen zu Frachtflugzeugen umgerüstet.

Typ: McDonnell Douglas MD-11
Verwendung: Passagierflugzeug
Spannweite: 16,76 m
Länge: 61,21 m
Antrieb: 3 Pratt & Whitney PW 4450 mit je 267 kN (27 216 kp) Schub
max. Startmasse: 273 290 kg
Reisegeschwindigkeit: 933 km/h
Reichweite: max. 15 250 km
Gipfelhöhe: 13 100 m
Passagiere: 323–405 + 2 Piloten

PASSAGIER- UND FRACHTFLUGZEUGE

Messerschmitt M 20

Einmotoriges Verkehrsflugzeug für Passagier- oder Frachttransport, freitragender Hochdecker in Duraluminium-Ganzmetallbauweise (Erstflug des Prototyps 26.02.1928, endete mit Absturz). Die M 20 wurde insgesamt 15-mal gebaut und war bis in die Vierzigerjahre bei der Luft Hansa im Einsatz. Die Frachtversion hatte keine rechteckigen Kabinenfenster, sondern kleine runde „Bullaugen".

Typ: Messerschmitt M 20 a
Verwendung: Passagierflugzeug
Spannweite: 25,50 m
Länge: 14,90 m
Antrieb: 1 BMW VI mit 500 kW (680 PS)
max. Startmasse: 4500 kg
Reisegeschwindigkeit: 160 km/h
Reichweite: 950 km
Gipfelhöhe: 4700 m
Passagiere: 8–10 + 2 Besatzung

PASSAGIER- UND FRACHTFLUGZEUGE

Piaggio P.166

Zweimotoriges Mehrzweckflugzeug (Erstflug 27.11.1957). Die P.166 wurde aus dem Amphibienflugzeug P.136 entwickelt. Ebenso wie bei diesem Typ fallen die hoch angesetzten Knickflügel und die beiden Druckschrauben-Triebwerke auf, die an der Knickstelle in die Tragfläche eingebunden sind. Die Maschine wurde mehrfach verbessert, die Motorenleistung gesteigert.

Typ: Piaggio P.166 DL3
Verwendung: Reiseflugzeug, Patrouillenflugzeug
Spannweite: 14,69 m
Länge: 11,90 m
Antrieb: 2 Avco Lycoming LTP 101 600 mit je 432 kW (587 PS)
max. Startmasse: 4300 kg
Höchstgeschwindigkeit: 417 km/h
Reichweite: ca. 2268 km
Gipfelhöhe: 7925 m
Passagiere: 8–10 + 1–2 Besatzung

PASSAGIER- UND FRACHTFLUGZEUGE

Piaggio P.180 Avanti

Zweimotoriges Reiseflugzeug, Mitteldecker mit Stützflügeln am Bug, stark gestreckten und weit nach hinten verlagerten Tragflächen und Höhenleitwerk (Erstflug am 23.12.1986). Die Maschine besteht überwiegend aus Leichtmetall und Kunststoffen. Sie erreicht mit ihrem Turboprop-Antrieb Jet-Geschwindigkeit.

Typ: Piaggio P.180 Avanti
Verwendung: Reiseflugzeug
Spannweite: 14,03 m
Länge: 14,41 m
Antrieb: 2 Pratt & Whitney Canada PT6A-66 mit je 634 kW (862 WPS)
max. Startmasse: 5239 kg
Höchstgeschwindigkeit: 730 km/h
Reichweite: ca. 2600–3000 km
Gipfelhöhe: 12 500 m
Passagiere: 7–8 + 1–2 Besatzung

Pilatus PC-12

Einmotoriges Mehrzweckflugzeug (Erstflug 31.05.1991). Die Maschine vereinigt ein einzelnes leistungsstarkes Turboprop-Triebwerk mit einer geräumigen Zelle. Das Konzept lässt ein weites Einsatzspektrum in der Allgemeinen Luftfahrt zu – von Reise- über Ambulanzversionen bis zur Nutzung im Polizeidienst oder bei der US-Einwanderungsbehörde. Dadurch wurde der Typ auch kommerziell sehr erfolgreich.

Typ: Pilatus PC-12
Verwendung: Mehrzweckflugzeug
Spannweite: 16,23 m
Länge: 14,40 m
Antrieb: 1 Pratt & Whitney Canada PT6A-67B mit 1327 kW (1800 PS)
max. Startmasse: 4000 kg
Höchstgeschwindigkeit: 496 km/h
Reichweite: 2964 km
Gipfelhöhe: 7620 m
Passagiere: 6–9 + 2 Besatzung

Piper PA 28 Cherokee

Zweimotoriges **Reiseflugzeug**, freitragender Tiefdecker (Erstflug des Serienflugzeugs 10.02.1961). Die Cherokee in ihren verschiedenen Modifikationen ist das meistgebaute Flugzeug von Piper und gilt als eines der wichtigsten und beliebtesten Flugzeuge in der Allgemeinen Luftfahrt.

Typ: Piper PA 28-140
Verwendung: Reiseflugzeug
Spannweite: 9,14 m
Länge: 7,16 m
Antrieb: 1 Lycoming 0-320-E3D mit 132 kW (150 PS)
max. Startmasse: 975 kg
Reisegeschwindigkeit: 226 km/h
Reichweite: 1250 km
Gipfelhöhe: 4160 m
Passagiere: 3 + 1 Pilot

Piper PA 42 Cheyenne

Zweimotoriges Reiseflugzeug in Tiefdecker-Auslegung mit Turboprop-Antrieb (Erstflug der ersten Kundenmaschine am 15.05.1979), die Turboprop-Variante der Piper PA 31. Die Zelle beherbergt eine komfortable Druckkabine. Die Cheyenne IIIA wird auch als Trainingsflugzeug bei verschiedenen Luftfahrtgesellschaften und Luftstreitkräften, so etwa der Lufthansa und der Bundesluftwaffe, eingesetzt.

Typ: Piper PA 42 Cheyenne III
Verwendung: Reiseflugzeug
Spannweite: 14,53 m
Länge: 13,23 m
Antrieb: 2 Pratt & Whitney Canada PT6A-41 mit je 535 kW (727 PS)
max. Startmasse: 5125 kg
Reisegeschwindigkeit: 413 km/h
Reichweite: 3100 km
Gipfelhöhe: 10 060 m
Passagiere: 6–9 + 2 Besatzung

PASSAGIER- UND FRACHTFLUGZEUGE

Polikarpow Po-2

Einmotoriges Mehrzweckflugzeug, verspannter Doppeldecker in Holzbauweise (Erstflug 07.01.1928). Es wurde als Schul- und Sportflugzeug, aber auch als Sprühflugzeug für die Landwirtschaft ausgerüstet und als Passagierflugzeug mit geschlossener Kabine gebaut. Mit Kriegsbeginn 1941 von der Sowjetunion auch als Aufklärungs- und Kampfflugzeug eingesetzt, entstand es in über 40 000 Einheiten. Wahrscheinlich wurde kein Flugzeug der Welt häufiger gebaut.

Typ: Polikarpow Po-2
Verwendung: Mehrzweckflugzeug
Spannweite: 11,40 m
Länge: 8,20 m
Antrieb: 1 5-Zylinder M-11 mit 75 kW (102 PS)
max. Startmasse: 1355 kg
Höchstgeschwindigkeit: 250 km/h
Reichweite: 660 km
Gipfelhöhe: 7300 m
Passagiere: 1–2 + 1 Pilot

PZL M-15 Belphegor

Strahlgetriebenes Agrarflugzeug in Doppeldecker-Auslegung (Erstflug 09.01.1974). Die M-15 Belphegor ist der einzige Doppeldecker der Luftfahrtgeschichte mit Strahlturbinenantrieb. Die hohe Position der Turbine soll den „Staubsaugereffekt" auf unbefestigten Plätzen vermindern. Ursprünglich sollten 3000 Einheiten gebaut werden; es blieb jedoch bei einer kleinen Serie von 120 Flugzeugen.

Typ: PZL M-15 Belphegor
Verwendung: Agrarflugzeug
Spannweite: 22,33 m (oben)
Länge: 12,72 m
Antrieb: 1 Strahltriebwerk AI-25 mit 15 kN (1530 kp) Schub
max. Startmasse: 5650 kg
Arbeitsgeschwindigkeit: ca. 180 km/h
Reichweite: 400 km
Zuladung: 2 Behälter à 1450 l (2500 kg Chemikalien)
Besatzung: 1–2

PZL M-28 Skytruck

Zweimotoriges Kurzstrecken-Transportflugzeug, weiterentwickelter Lizenzbau der Antonow An-28 (1994). Die PZL M-28 Skytruck zeigt STOL-Eigenschaften und kann von unbefestigten Plätzen aus operieren. Angeboten wird eine Passagierversion, eine Frachtversion, die Ausstattung als Sanitätsflugzeug und als Militärtransporter.

Typ: PZL M-28 Skytruck
Verwendung: Mehrzweckflugzeug
Spannweite: 22,06 m
Länge: 13,10 m
Antrieb: 2 Pratt & Whitney PT6A-65B zu je 687,5 kW (935 PS)
max. Startmasse: 7500 kg
Höchstgeschwindigkeit: 355 km/h
Reichweite: 1500 km
Gipfelhöhe: 6200
Passagiere: 19 (oder 3085 kg Nutzlast)

Savoia Marchetti SM.95

Viermotoriges italienisches Verkehrsflugzeug in Tiefdecker-Auslegung mit Spornradfahrwerk (Erstflug Mai 1943). Mit diesem Typ, noch während des Krieges konstruiert, wurde nach dem 2. Weltkrieg der italienische Luftverkehr wieder aufgebaut. So flogen Maschinen dieses Typs auf transkontinentalen Routen, z. B. nach Venezuela.

Typ: Savoia Marchetti SM.95
Verwendung: Passagierflugzeug
Spannweite: 34,28 m
Länge: 24,77 m
Antrieb: 4 Alfa Romeo 128 RC.18 mit 641 kW (860 PS)
max. Startmasse: 21 600 kg
Reisegeschwindigkeit: 320 km/h
Reichweite: 2000 km
Gipfelhöhe: 6800 m
Passagiere: 18 + 5 Besatzung

PASSAGIER- UND FRACHTFLUGZEUGE

Short 360

Zweimotoriges Passagierflugzeug (Erstflug 01.06.1981) für Kurzstrecken, verbessertes Muster der Short 330. Der Rumpf wurde um 91 cm verlängert, die Spannweite vergrößert. Die Maschine war für den Zubringerverkehr konzipiert worden. Im November 1985 erschien die 360 Advanced mit stärkerem Antrieb (später Short 360-200 genannt), im Februar 1987 folgte die Version Short 360-300.

Typ: Short 360-300
Verwendung: Passagierflugzeug
Spannweite: 22,08 m
Länge: 21,58 m
Antrieb: 2 Pratt & Whitney PT6A-67R mit je 1062 kW (1444 PS)
max. Startmasse: 12 290 kg
Reisegeschwindigkeit: 400 km/h
Reichweite: 745 km
Gipfelhöhe: 3050 m
Passagiere: 36 + 2 Besatzung

Suchoi Superjet 100

Zweistrahliges Verkehrsflugzeug in Tiefdecker-Auslegung. Als die Superjet 100-95 am 19.05.2008 zum Erstflug abhob, war dies die Erfüllung eines zwischen Suchoi und Boeing geschlossenen Kooperationsabkommens zur Entwicklung eines zweistrahligen russischen Regionaljets (RRJ; seit 2006 „Superjet 100"). Aktuell geplant sind die Versionen 100-110, 100-95 und 100-75. Erste Auslieferungen der SSJ 100-95 erfolgten ab 2011. Im Mai 2012 kam es bei einem Demonstrationsflug in Indonesien zu einem Absturz.

Typ: Suchoi SSJ 100-95
Verwendung: Passagierflugzeug
Spannweite: 27,80 m
Länge: 29,83 m
Antrieb: 2 Pratt & Whitney 800 oder PowerJet SaM146 mit je 62,4 kN bzw. 68 kN (6363 kp bzw. 6934 kp) Startschub
max. Startmasse: 42 520 kg
Reisegeschwindigkeit: 830 km/h
Reichweite: 2950 km
Reiseflughöhe: 12 500 m
Passagiere: 98 + 2 Besatzung

PASSAGIER- UND FRACHTFLUGZEUGE

Suchoi Su-80

Zweimotoriges Mehrzweckflugzeug (Erstflug des Prototyps am 04.09.2001). Die Triebwerksgondeln laufen in zwei Leitwerksträgern aus; das Doppelleitwerk ist mit einer Auftriebsfläche verbunden. Die Maschine bietet sich als Ersatz für die in die Jahre gekommenen Typen An-24/26/28 und andere, noch ältere Modelle an und kann für die unterschiedlichsten Anwendungen ausgestattet werden.

Typ: Suchoi Su-80GP
Verwendung: Passagier- und Transportflugzeug
Spannweite: 23,18 m
Länge: 18,26 m
Antrieb: 2 Propellerturbinen CT7-9B mit je 1287 kW (1750 WPS)
max. Startmasse: 14 200 kg
Reisegeschwindigkeit: 470 km/h
Reichweite: 1300 km
Gipfelhöhe: 7600 m
Passagiere: 30 + 2 Besatzung

Sud Aviation Caravelle

Zweistrahliges Verkehrsflugzeug für Kurz- und Mittelstrecken, Tiefdecker mit Kreuzleitwerk und das erste strahlgetriebene Flugzeug dieser Klasse (Erstflüge der Prototypen am 25.05.1955 und 06.05.1956). Die Triebwerksanordnung am Heck wirkte seinerzeit absolut neuartig. Sie verlieh der Caravelle nicht nur ihre sprichwörtliche Eleganz, sondern ermöglichte den Konstrukteuren auch, einen sogenannten sauberen Flügel mit mäßiger Pfeilung herzustellen, an dem keine Verwirbelungen durch die Strahlturbinen auftraten. Aus dem Grundmuster für 52 Passagiere wurden später verschiedene Versionen mit erhöhter Passagierkapazität entwickelt. Die Version Caravelle Super 12 (Rumpf um 2,31 m verlängert; Erstflug 1970) konnte sogar 129–138 Passagiere befördern.

> **Typ:** Sud Aviation Caravelle VI
> **Verwendung:** Passagierflugzeug
> **Spannweite:** 34,30 m
> **Länge:** 32,01 m
> **Antrieb:** 2 Rolls-Royce Avon 531R Strahltriebwerke mit je 54,7 kN (5535 kp) Standschub
> **max. Startmasse:** 50 000 kg
> **Reisegeschwindigkeit:** 785 km/h
> **Reichweite:** 2650 km
> **Gipfelhöhe:** 12 000 m
> **Passagiere:** 64–99 + 5–7 Besatzung

PASSAGIER- UND FRACHTFLUGZEUGE

Sud Est Languedoc

Viermotoriges Passagierflugzeug (Erstflug 17.09.1945). Ursprünglich noch vor dem Krieg von Bloch entworfen, wurde es nach dem Krieg in Toulouse gebaut. Seit 1946 beflog die Maschine die Routen von Paris nach Algier und Casablanca sowie nach diversen europäischen Hauptstädten. Einige Maschinen flogen auch bei der polnischen Luftfahrtgesellschaft LOT. Bis 1970 dienten einzelne Flugzeuge dann noch als Erprobungsträger für Triebwerke und Lenkwaffen.

Typ: Sud Est SE.161 Languedoc
Verwendung: Passagierflugzeug
Spannweite: 29,38 m
Länge: 24,24 m
Antrieb: 4 Pratt & Whitney Twin Wasp mit je 880 kW (1200 PS)
max. Startmasse: 23 700 kg
Reisegeschwindigkeit: 405 km/h
Reichweite: 3200 km
Gipfelhöhe: 7200 m
Passagiere: 33 + 5 Besatzung

Tupolew ANT-20 Maxim Gorki

Achtmotoriges Mehrzweckflugzeug (Erstflug 17.06.1934), freitragender Mitteldecker, das zu Agitationszwecken und als Verkehrsflugzeug eingesetzt wurde. Es enthielt Druckerei, Fotolabor, Kinoeinrichtung, Schreibabteilung, Telefonzentrale, Schlafkabinen und Platz für 72 Passagiere; sie war zu ihrer Zeit das größte Landflugzeug der Welt. Große Landeklappen reduzierten die Landegeschwindigkeit auf 100 km/h; dank starker Radbremsen genügten der Maschine nur 400 m Landestrecke. 1935 stürzte die ANT-20 bei einer Flugschau nach einer Kollision mit einem begleitenden Jagdflugzeug ab. Alle Insassen kamen ums Leben. Der Nachfolgebau ANT-20bis (Abb.) konnte dank stärkerer Motoren sechsmotorig ausgeführt werden.

Typ: Tupolew ANT-20/ANT-20bis
Verwendung: Mehrzweckflugzeug
Spannweite: 63,00 m/64,00 m
Länge: 33,00 m/34,10 m
Antrieb: 8 AM-34FRN/6 AM-34FRNW mit je 671 kW (900 PS)/895 kW (1200 PS)
max. Startmasse: 42 000 kg/44 000 kg
Höchstgeschwindigkeit: 245 km/h/ 275 km/h
Reichweite: 2200 km/900 km
Gipfelhöhe: 4500 m/5500 m
Passagiere: 72 + 8 Besatzung/ 64 + 9 Besatzung

Tupolew Tu-114

Viermotoriges Passagierflugzeug für Langstrecken in Tiefdecker-Auslegung, das konstruktiv auf das Bombenflugzeug Tu-20/Tu-95 zurückgriff. Die Tu-114 war und ist das größte und schnellste Propeller-Verkehrsflugzeug der Welt (Erstflug 03.11.1957). Die Turbinen trieben vier Paare gegenläufiger Propeller an. Wegen des großen Propellerdurchmessers (5,60 m) musste das Fahrwerk sehr „hochbeinig" ausfallen. Die 31 produzierten Exemplare wurden 1975 gegen die Iljuschin Il-62 ausgetauscht.

Typ: Tupolew Tu-114
Verwendung: Passagierflugzeug
Spannweite: 51,10 m
Länge: 54,10 m
Antrieb: 4 Kusnezow NK-12 mit je 10 889 kW (14 800 PS)
max. Startmasse: 171 000 kg
Höchstgeschwindigkeit: 875 km/h
Reichweite: 9000 km
Gipfelhöhe: 12 000 m
Passagiere: 170–220

PASSAGIER- UND FRACHTFLUGZEUGE

Tupolew Tu-144

Vierstrahliges Überschall-Passagierflugzeug (Erstflug 31.12.1968). Am 26.05.1970 überschritt es als erstes Verkehrsflugzeug Mach 2. Das letzte Exemplar wurde 1981 fertiggestellt; es diente später als Test-Flugzeug für die Buran-Raumfähre. Im Dezember 1975 nahm die Tu-144 zunächst den Frachtbetrieb, im November 1977 den Passagierbetrieb zwischen Moskau und Alma-Ata auf. Der Einsatz der 16 gebauten Maschinen als Passagierjet war mit insgesamt 3284 beförderten Passagieren bis 1978 wenig erfolgreich.

Typ: Tupolew Tu-144S
Verwendung: Passagierflugzeug
Spannweite: 28,80 m
Länge: 65,70 m
Antrieb: 4 Kusnetsow NK-144 mit je 196 kN (20 000 kp) Schub
max. Startmasse: 207 000 kg
Höchstgeschwindigkeit: 2500 km/h
Reichweite: 6500 km
Gipfelhöhe: 18 000 m
Passagiere: 108–135 + 3–4 Besatzung

Tupolew Tu-204

Zweistrahliges Passagier- und Transportflugzeug für Mittelstrecken (Erstflug 02.01.1989), das in verschiedenen Versionen gebaut wurde und wird und als Nachfolgemodell der Tu-154 fungiert. Die Langstreckenversion Tu-204-300 flog zuerst am 18.08.2003. Das Cockpit verfügt über moderne Avionik und entspricht westlichen Standards. Die Frachtversion Tu-204C kann 27 t Fracht befördern.

Typ: Tupolew Tu-204-100
Verwendung: Passagierflugzeug
Spannweite: 42,00 m
Länge: 46,00 m
Antrieb: 2 Perm PS-90A mit je 154 kN (15 700 kp) Schub
max. Startmasse: 103 000 kg
Reisegeschwindigkeit: 810 km/h
Reichweite: 6500 km
Gipfelhöhe: 12 600 m
Passagiere: 210 + 2 Besatzung

PASSAGIER- UND FRACHTFLUGZEUGE |

Vickers Viking

Zweimotoriges Passagierflugzeug, der erste zivile britische Neubau nach dem 2. Weltkrieg (Erstflug 22.06.1945). Von den verschiedenen Baureihen war die 1B mit 113 verkauften Einheiten am erfolgreichsten. Die Viking wurde bis 1948 gebaut.

Typ: Vickers Viking 1B
Verwendung: Passagierflugzeug
Spannweite: 27,20 m
Länge: 19,86 m
Antrieb: 2 Bristol Hercules 634 mit je 1260 kW (1713 PS)
max. Startmasse: 15 350 kg
Reisegeschwindigkeit: 338 km/h
Reichweite: 837 km
Gipfelhöhe: 7240 m
Passagiere: 24

PASSAGIER- UND FRACHTFLUGZEUGE

Vickers Viscount

Viermotoriges Passagier- und Transportflugzeug (Erstflug Prototyp 16.07.1948), Tiefdecker mit konventionellem Leitwerk; zur Zeit ihres Erstflugs das erste Passagierflugzeug mit Turboprop-Antrieb. Von den Serienmustern 700 (Erstflug 28.08.1950), 700D, 770D und 771D wurden 287 Viscounts gebaut, seit 1958 wurden die Serien 800 und 810 mit stärkeren Triebwerken ausgeliefert.

Typ: Vickers Viscount 700/800
Verwendung: Passagierflugzeug
Spannweite: 28,56 m/28,56 m
Länge: 24,94 m/26,11 m
Antrieb: 4 Rolls-Royce Dart R.Da.3 505 mit je 1154 kW (1570 PS)/R.Da.6 Mk.510 mit je 1327 kW (1805 PS)
max. Startmasse: 29 257 kg/32 840 kg
Reisegeschwindigkeit: 537 km/h/ 587 km/h
Reichweite: 2140 km/2780 km
Gipfelhöhe: 7770 m/7620 m
Passagiere: 40–63/65–75

PASSAGIER- UND FRACHTFLUGZEUGE | 113

Vickers VC10

Vierstrahliges Passagierflugzeug für Langstrecken (Erstflug 1962). Ursprünglich für 135 Passagiere konzipiert, wurde der Rumpf bald verlängert und die Kapazität erhöht (Super VC10). 64 Maschinen wurden in beiden Versionen gebaut, sie flogen im Liniendienst bis 1981. Erfolgreicher waren die militärischen Adaptionen der Zivilmaschine als Transport- und besonders als Tankflugzeug.

Typ: Vickers VC10/Super VC10
Verwendung: Passagierflugzeug
Spannweite: 44,55 m/44,55 m
Länge: 48,52 m/52,32 m
Antrieb: 4 Rolls-Royce Conway 540 mit je 94,1 kN (9595 kp)/Conway 550 mit je 100,1 kN (10 207 kp) Schub
max. Startmasse: 141 500 kg/152 000 kg
Höchstgeschwindigkeit: 886 km/h/ 933 km/h
Reichweite: 9760 km/11 470 km
Gipfelhöhe: 11 580 m/11 580 m
Passagiere: 135/176–220

Sport- und Schulflugzeuge

Von Beginn des Motorflugs an wurde das Fliegen immer auch als sportliche Herausforderung aufgefasst. Hier kommt es nicht auf Zuladung und Passagierkapazität an, nicht auf das immer schwerer und immer größer, sondern eher im Gegenteil auf Beweglichkeit, Leichtigkeit (sogar Ultra-Leichtigkeit) und – wenn man so will – Gutmütigkeit. Zum Sport gehört

Training – und Fliegen muss überhaupt erst einmal gelernt werden, in der Allgemeinen Luftfahrt ebenso wie in der Verkehrs- und Militärfliegerei. Oftmals sind die Grenzen, was die Schulflugzeuge betrifft, fließend und künftige Militär- und Verkehrspiloten absolvieren ihre ersten Flugstunden auf den gleichen Maschinen wie die Hobby- und Freizeitflieger.

SPORT- UND SCHULFLUGZEUGE

3Xtrim

⚞ **Einmotoriges Leichtflugzeug,** abgestrebter Hochdecker mit festem Dreipunkt-Fahrwerk. Die Maschine wird in drei Versionen gefertigt: der 450 Ultra, der 495 Ultra+ (beide erfüllen in einigen Ländern die Bedingungen für Ultraleichtflugzeuge) und der 550 Trener. In allen drei Versionen sind die Sitze nebeneinander angeordnet. Die Flugzeuge werden entweder als Bausatz oder als komplett aufgebaute Maschine vertrieben.

Typ: 3Xtrim 550 Trener
Verwendung: Schul- und Sportflugzeug
Spannweite: 10,03 m
Länge: 6,87 m
Antrieb: Bombardier-Rotax 912S mit 73,6 kW (100 PS) Startleistung
max. Startmasse: 550 kg
Reisegeschwindigkeit: max. 190 km/h
Reichweite: 750 km
Passagiere: 1 + 1 Pilot

SPORT- UND SCHULFLUGZEUGE | 117

Aerostyle Breezer

Einmotoriges Ultraleichtflugzeug in Aluminium-/Kunststoffbauweise. Der Tiefdecker kann mit verschiedenen Motoren (Rotax, Jabiro, BMW, VW, Hirth) geliefert werden. Der Breezer gehört zu den am meisten verkauften Metallbausätzen, kann aber auch als fertiges Flugzeug geliefert werden. Die Maschine ist auch als Banner- und Segelflugzeug-Schlepp-Variante erhältlich. Neben der Ultraleicht-Version wurde auch eine etwas schwerere Experimental-Version entwickelt.

Typ: Aerostyle Breezer Rotax 912 S
Verwendung: Ultraleichtflugzeug
Spannweite: 8,71 m
Länge: 6,40 m
Antrieb: 1 Rotax 4-Zylinder-Viertakt-Motor mit 73 kW (100 PS)
max. Startmasse: 472,5 kg
Reisegeschwindigkeit: 200 km/h
Passagiere: 1 + 1 Pilot

SPORT- UND SCHULFLUGZEUGE

Airspeed AS 8 Viceroy

Zweimotoriges leichtes Sportflugzeug in Tiefdecker-Auslegung (Erstflug im August 1934). Die einzige Viceroy war eine Spezialanfertigung für das MacRobertson Luftrennen. Basis war die Airspeed AS 6 Envoy. Die Viceroy besaß aber stärkere Motoren, der Rumpf hatte keine Fenster und zusätzliche Tanks im Rumpf ermöglichten eine größere Treibstoffzuladung.

Typ: Airspeed AS 8 Viceroy
Verwendung: Sportflugzeug
Spannweite: 15,90 m
Länge: 10,50 m
Antrieb: 2 aufgeladene Sternmotoren Armstrong Siddeley Cheetah VI mit je 206 kW (280 PS)
max. Startmasse: 2860 kg
Höchstgeschwindigkeit: 340 km/h
Reichweite: 2255 km
Gipfelhöhe: 3850 m
Besatzung: 2

Blérito XI

Einmotoriges **Sportflugzeug** in Holzbauweise (Erstflug 23.01.1909). Blériot gelang mit diesem Flugzeug am 25. Juli 1909 die erste Ärmelkanal-Überquerung in einem Flugzeug. Danach stieg die Nachfrage nach Blériots Flugzeug, allein 1913 wurden ca. 800 Stück gebaut (mehr als 60 Prozent der französischen Gesamt-Flugzeugproduktion). Aus der XI entwickelte Blériot ein vergrößertes zweisitziges Modell mit stärkerer Motorisierung, XI-2 genannt.

Typ: Blériot XI/Blériot XI-2
Verwendung: Sportflugzeug
Spannweite: 7,81 m/10,25 m
Länge: 7,05 m/10,25 m
Antrieb: 1 Anzani-Motor mit 18,4 kW (25 PS)/Gnôme-7B-Umlaufmotor mit 52 kW (70 PS)
max. Startmasse: 320 kg/625 kg
Höchstgeschwindigkeit: 75 km/h/ 106 km/h
Besatzung: 1–2

Bücker Bü 131 Jungmann

Einmotoriges, kunstflugtaugliches Sport- und Schulflugzeug in Doppeldecker-Auslegung (Erstflug am 27.04.1934). Die Maschine wurde für die Anfängerschulung eingesetzt. Der Rumpf bestand weitgehend aus einem stoffbespannten Stahlgerüst, die Flügel aus Holz mit Stoffbespannung. Die Serienversion wurde an Flugschulen, in der neu entstandenen deutschen Luftwaffe und in 19 weiteren Ländern eingesetzt. In Deutschland wurden allein 3000 Einheiten produziert, insgesamt (Lizenzbauten eingeschlossen) etwa 5000.

Typ: Bücker Bü 131 Jungmann
Verwendung: Schulflugzeug
Spannweite: 7,40 m
Länge: 6,62 m
Antrieb: 1 Hirth HM 60 R mit 60 kW (80 PS)
max. Startmasse: 630 kg
Höchstgeschwindigkeit: 170 km/h
Reichweite: 680 km
Gipfelhöhe: 3500 m
Besatzung: 1–2

Cessna 172 Skyhawk

Einmotoriges, viersitziges Sport- und Reiseflugzeug in Hochdecker-Auslegung (1955); die US-Air-Force nutzte sie als T-41 für die Pilotenausbildung. Die besser ausgestattete Luxus-Version ist unter dem Namen Skyhawk bekannt geworden. Das aus der Cessna 170B weiterentwickelte Modell wurde bis 1983 gebaut (über 35 000 Einheiten), unter anderem in Frankreich in Lizenz (2144 Einheiten bei Reims Aviation). Seit 1997 wird es, mit moderner Avionik ausgestattet, erneut produziert. Die spektakuläre Landung des Deutschen Mathias Rust 1987 auf dem Roten Platz in Moskau brachte die Cessna Skyhawk weltweit in die Schlagzeilen.

Typ: Cessna 172
Verwendung: Sport- und Reiseflugzeug
Spannweite: 10,92 m
Länge: 8,28 m
Antrieb: 1 Continental O 300 C mit 107 kW (145 PS)
max. Startmasse: 1043 kg
Reisegeschwindigkeit: 210 km/h
Reichweite: 960–1100 km
Gipfelhöhe: 4000 m
Passagiere: 3 + 1 Pilot

SPORT- UND SCHULFLUGZEUGE

De Havilland DH.82 Tiger Moth

Einmotoriges Sport- und Schulflugzeug in Doppeldecker-Auslegung (seit November 1931 im Dienst der Royal Flying School der RAF). Als Nachfolgerin der DH.60 Moth und aus ihr entwickelt, avancierte sie zum Standard-Schulflugzeug der RAF. Die Serienproduktion endete 1945. Viele der einst militärisch genutzten Maschinen gelangten als Sportflugzeuge an private Betreiber.

Typ: De Havilland DH.82
Verwendung: Schulflugzeug
Spannweite: 8,94 m
Länge: 4,34 m
Antrieb: 1 De Havilland Gipsy Major I mit 100 kW (130 PS)
max. Startmasse: 828 kg
Höchstgeschwindigkeit: 175 km/h
Reichweite: 480 km
Gipfelhöhe: 4145 m
Besatzung: 1–2

SPORT- UND SCHULFLUGZEUGE | 123

De Havilland Canada DHC-1 Chipmunk

Einmotoriges, kunstflugtaugliches Sport- und Schulflugzeug in Tiefdecker-Auslegung (Erstflug 1946), das den Schuldoppeldecker Tiger Moth ablösen sollte. 218 Maschinen wurden in Kanada gebaut, 1014 in Großbritannien, 60 in Portugal. Ein Drittel der Flugzeuge wurde bei der RAF zur fliegerischen Grundausbildung eingesetzt. Auch bei der Deutschen Lufthansa dienten fünf Chipmunks als Basistrainer.

Typ: DHC-1
Verwendung: Schulflugzeug
Spannweite: 10,47 m
Länge: 7,75 m
Antrieb: 1 De Havilland Gipsy Major 8 mit 108 kW (146 PS)
max. Startmasse: 914 kg
Höchstgeschwindigkeit: 222 km/h
Reichweite: 415 km
Gipfelhöhe: 4820 m
Besatzung: 1–2

SPORT- UND SCHULFLUGZEUGE

Gyroflug SC01 Speed Canard

Einmotoriges, zweisitziges Sportflugzeug in Canard-Ausführung (sogenanntes Entenflugzeug mit auffallenden Stummelflügeln). Die Maschine ist aus glasfaserverstärktem Kunststoff gefertigt. Basis für den Rumpf bildete die Zelle eines Segelflugzeugs. Das Flugzeug wird mittels eines Schubpropellers am Heck angetrieben. Die Winglets an den Tragflächenenden tragen die Seitenruder.

Typ: Gyroflug SC01 B 160
Verwendung: Sportflugzeug
Spannweite: 7,70 m
Länge: 5,20 m
Antrieb: 1 Lycoming O-235-P2A mit 88 kW (120 PS)
max. Startmasse: 715 kg
Reisegeschwindigkeit: 270 km/h
Reichweite: 1300–2100 km
Gipfelhöhe: 4000 m
Besatzung: 2

SPORT- UND SCHULFLUGZEUGE |

Iljuschin Il 103

Einmotoriges **Sportflugzeug** in Tiefdecker-Auslegung und Ganzmetallbauweise (Erstflug am 17.05.1994), seit 1997 in Serienfertigung. Die Maschine verfügt über ein starres Bugradfahrwerk. Sie kann auch als leichtes Frachtflugzeug eingesetzt werden.

Typ: Iljuschin Il 103
Verwendung: Sport- und Reiseflugzeug
Spannweite: 10,56 m
Länge: 7,95 m
Antrieb: 1 Teledyne Continental IO-360ES 6-Zylinder-Boxermotor mit 160 kW (218 PS)
max. Startmasse: 1285 kg
Reisegeschwindigkeit: 200 km/h
Reichweite: 800 km
Gipfelhöhe: 3000 m
Passagiere: 3 + 1 Pilot

SPORT- UND SCHULFLUGZEUGE

Jakowlew Jak-18

Einmotoriges, zweisitziges Schul- und **Sportflugzeug** (Serienfertigung ab 1947). Bis zur Einstellung der Produktion der „klassischen" Jak-18 Ende 1967 wurden 6760 Einheiten gebaut, zusammen mit der viersitzigen Version Jak-18T (seit 1967) über 8000 Maschinen. Die Jak-18T, seit 1993 in geringen Stückzahlen erneut produziert, wird unter anderem als Trainingsflugzeug eingesetzt.

Typ: Jakowlew Jak-18A
Verwendung: Schul- und Sportflugzeug
Spannweite: 10,60 m
Länge: 8,18 m
Antrieb: 1 Iwtschenko AI-14R mit 194 kW (263 PS)
max. Startmasse: 1316 kg
Höchstgeschwindigkeit: 254 km/h
Reichweite: 1050 km
Gipfelhöhe: 4000 m
Besatzung: 2

Junkers A 50

Einmotoriges, zweisitziges **Sportflugzeug** in Tiefdecker-Auslegung mit Duraluminium-Wellblechbeplankung (Erstflug 13.02.1929). Der zweite Sitz konnte beim einsitzigen Betrieb abgedeckt werden. In verschiedenen Varianten wurden 69 Einheiten produziert, 50 davon konnten verkauft werden. Der Typ A 50 mit Schwimmern stellte 1930 acht FAI-Weltrekorde auf.

Typ: Junkers A 50
Verwendung: Sportflugzeug
Spannweite: 10,00 m
Länge: 7,12 m
Antrieb: 1 Armstrong Siddeley Genet mit 59 kW (80 PS)
max. Startmasse: 600 kg
Reisegeschwindigkeit: 172 km/h
Gipfelhöhe: 4600 m
Besatzung: 1–2

SPORT- UND SCHULFLUGZEUGE

Klemm Kl 35

Einmotoriges Schul- und Sportflugzeug (Erstflug 1935). Der freitragende Tiefdecker war voll kunstflugtauglich und wurde nicht nur von Privatleuten und Flugsportvereinen, sondern auch von verschiedenen Luftwaffen als Trainingsflugzeug genutzt. Ab Ausführung D besaß die Maschine ein Dreibeinfahrwerk.

Typ: Klemm Kl 35 D
Verwendung: Schul- und Sportflugzeug
Spannweite: 10,40 m
Länge: 7,35 m
Antrieb: 1 4-Zylinder-Reihenmotor Hirth HM 504 A mit 77 kW (105 PS)
max. Startmasse: 705 kg
Höchstgeschwindigkeit: 190 km/h
Reichweite: 800 km
Gipfelhöhe: 4600 m
Besatzung: 2

Piaggio P.148/149

Einmotoriges **Sportflugzeug**, freitragender Ganzmetall-Tiefdecker (Erstflug 12.02.1951), Schulflugzeug für die fliegerische Grundausbildung, aber auch für die Kunstflugeinweisung. Die verbesserte Version P.149 (Erstflug 19.06.1953) war Standard-Schulflugzeug der Bundesluftwaffe sowie verschiedener anderer Luftstreitkräfte. In Deutschland wurde sie bei Focke Wulf in Lizenz gebaut.

Typ: Piaggio P.148/P.149
Verwendung: Sport- und Schulflugzeug
Spannweite: 11,12 m/11,12 m
Länge: 8,44 m/8,80 m
Antrieb: 1 Lycoming O-435-A mit 142 kW/1 Lycoming GO 480 mit 202 kW
max. Startmasse: 1280 kg/1680 kg
Höchstgeschwindigkeit: 235 km/h/305 km/h
Reichweite: ca. 925 km/1090 km
Gipfelhöhe: 5000 m/6050 m
Passagiere: 3–4 + 1 Pilot

SPORT- UND SCHULFLUGZEUGE

Pilatus PC-7

Einmotoriges Mehrzweck-Schulflugzeug, ursprünglich mit Kolbentriebwerk (Weiterentwicklung der P-3) entworfen, hob die PC-7 mit Propellerturbine im August 1966 erstmals ab. Die erste Serienmaschine flog 1978. Die Qualitäten des Turboprop-Trainers für Basistraining, Instrumenten-, Kunst- und Nachtflug sowie taktisches Training werden bis heute hoch geschätzt.

Typ: Pilatus PC-7 Mk.II
Verwendung: Schulflugzeug
Spannweite: 10,19 m
Länge: 10,14 m
Antrieb: 1 Pratt & Whitney PT 6A-25A mit 410 kW (556 PS)
max. Startmasse: 2250 kg
Höchstgeschwindigkeit: 556 km/h
Reichweite: 1500 km
Gipfelhöhe: 7600 m
Passagiere: 1 + 1 Pilot

Pilatus PC-21

Einmotoriges Schul- und Sportflugzeug mit Turboprop-Antrieb in Tiefdecker-Auslegung (Erstflug der Prototypen 2002 und 2004). Die aerodynamische Charakteristik der PC-21 überragt die anderer Turboprop-Flugzeuge. Daher kann dieser neue Trainer sowohl für die Basisausbildung als auch im Fortgeschrittenentraining eingesetzt werden und zum Teil das Jet-Training ersetzen.

Typ: Pilatus PC-21
Verwendung: Schulflugzeug
Spannweite: 8,77 m
Länge: 11,00 m
Antrieb: 1 Pratt & Whitney Canada PT6A-68B mit 1195 kW (1625 PS)
max. Startmasse: 4250 kg
Höchstgeschwindigkeit: 685 km/h
Reichweite: 1295 km
Gipfelhöhe: 11 580 m
Besatzung: 2

SPORT- UND SCHULFLUGZEUGE

Piper J3c Cub

Einmotoriges Sportflugzeug in Hochdecker-Auslegung, dessen Ursprünge in die 1930er-Jahre zurückreichen und das ab 1937 in ca. 20 000 Einheiten produziert wurde. Die anfängliche Motorisierung von bescheidenen 30 kW wurde später auf bis über 60 kW gesteigert.

Typ: Piper J3c-65
Verwendung: Sportflugzeug
Spannweite: 10,74 m
Antrieb: 1 Continental mit 48,5 kW (66 PS)
max. Startmasse: 550 kg
Reisegeschwindigkeit: 115 km/h
Reichweite: 300 km
Gipfelhöhe: 7000 m
Besatzung: 1

Ruschmeyer R90

Einmotoriges Sportflugzeug in Tiefdecker-Auslegung. Zum ersten Mal im Flugzeugbau wurden Vinylesterharz sowie Glas- und Kohlefaserstoffe als Verbundwerkstoff verwendet. In den USA firmiert Ruschmeyer unter Solaris Aviation. Die Maschine heißt dort Solaris Sigma 230.

Typ: Ruschmeyer R90 230RG
Verwendung: Sportflugzeug
Spannweite: 9,50 m
Antrieb: 1 Textron Lycoming IO540C4D5 mit 170 kW (230 PS)
max. Startmasse: 1350 kg
Höchstgeschwindigkeit: 324 km/h
Reichweite: 1610 km
Gipfelhöhe: 4875 m
Passagiere: 3 + 1 Pilot

SAI KZ-2

Einmotoriges Sportflugzeug in Tiefdecker-Auslegung (Erstflug am 11.12.1937), eine sperrholz- und stoffbeplankte Stahlrohrkonstruktion. Bei der Version Kupé (siehe Abb.) war das Cockpit geschlossen und beide Sitze lagen nebeneinander; bei der Version Sport war das Cockpit offen und die Sitze befanden sich hintereinander.

Typ: SAI KZ-2 Kupé
Verwendung: Sportflugzeug
Spannweite: 10,50 m
Antrieb: 1 4-Zylinder-Reihenmotor Gipsy Minor/Cirrus Minor I mit 66 kW (90 PS)
max. Startmasse: 750 kg
Höchstgeschwindigkeit: 175 km/h
Reichweite: 900 km
Gipfelhöhe: 5000 m
Besatzung: 2

Spirit of St. Louis

Einmotoriges Flugzeug in Schulterdecker-Auslegung und stoffbespannter Stahlrohr- und Holzkonstruktion mit dem Charles Lindbergh am 20./21.05.1927 den Atlantik überquerte. Weil sich der Haupttank vor der Pilotenkanzel befand, konnte Lindbergh, der den Tank im Havariefall nicht im Rücken haben wollte, nur durch ein Periskop nach vorn sehen. Insgesamt konnte die Spirit of St. Louis 1705 Liter Treibstoff tanken – mehr als die Hälfte ihres Gesamtgewichts.

Typ: Spirit of St. Louis
Verwendung: Rennflugzeug
Spannweite: 14,00 m
Länge: 8,00 m
Antrieb: 1 Wright Whirlwind J-5C, 223hp mit 194 kW (260 PS)
max. Startmasse: 2330 kg
Höchstgeschwindigkeit: 390 km/h
Reichweite: 5808 km
Besatzung: 1

 SPORT- UND SCHULFLUGZEUGE

Suchoi Su-26

Einmotoriges Sportflugzeug in Tiefdecker-Auslegung (Erstflug 30.06.1984), erste Entwicklung des Konstruktionsbüros Suchoi – sonst spezialisiert auf Militärjets – für den Markt ziviler Flugzeuge. Die kunstflugtaugliche Maschine entstand auf der Basis der Jak-50 und wurde auch ins westliche Ausland exportiert.

Typ: Suchoi Su-26
Verwendung: Sportflugzeug
Spannweite: 7,80 m
Länge: 6,83 m
Antrieb: 1 VKOBM MP-14 P mit 268 kW (364 PS)
max. Startmasse: 962 kg
Höchstgeschwindigkeit: 310 km/h
Reichweite: 825 km
Gipfelhöhe: 4000 m
Besatzung: 1

SPORT- UND SCHULFLUGZEUGE

Zlin Z-XII

Einmotoriges Sportflugzeug (1935) in Tiefdecker-Auslegung und Holzbauweise. Die Maschine konnte entweder mit offenem Cockpit oder mit Kabinenhaube geliefert werden. Über 200 Einheiten wurden gebaut, eine größere Anzahl auch exportiert.

Typ: Zlin Z-XII
Verwendung: Sportflugzeug
Spannweite: 10,00 m
Länge: 7,80 m
Antrieb: 1 Persy II mit 33 kW (45 PS)
max. Startmasse: 520 kg
Reisegeschwindigkeit: 135 km/h
Reichweite: 300 km
Gipfelhöhe: 3800 m
Besatzung: 2

Flugboote und Amphibienflugzeuge

Lange Zeit flogen Amphibienflugzeuge und Flugboote den landgestützten Flugzeugen den Rang ab – zumindest was ihre Größe und ihre Transportkapazität anging. Die riesigen Verkehrsflugboote, eigentlich schon eher fliegende Schiffe, hatten ihre große Zeit in den

1920er- bis 1940er-Jahren. Wo keine ausgebaute Infrastruktur existiert, aber große Wasserflächen zur Verfügung stehen, bietet sich dieses Art des Operierens vom Wasser aus noch heute an, wenn auch nicht mehr für den Luftverkehr der großen Fluggesellschaften.

FLUGBOOTE UND AMPHIBIENFLUGZEUGE

Aichi E16A Zuiun

Einmotoriges Wasserflugzeug mit zwei großen Schwimmern (Erstflug 1942), aufgrund der Verwendung als Sturzkampfflugzeug mit Sturzflugbremsen ausgestattet, jedoch überwiegend als Aufklärungsflugzeug eingesetzt. Als Ersatz für die Aichi E13A wurde bereits 1942 ein Prototyp gebaut, die Serienproduktion begann ab Januar 1944; bis Kriegsende wurden 256 Exemplare gebaut.

Typ: Aichi E16A1
Verwendung: Aufklärungsflugzeug
Spannweite: 12,81 m
Länge: 10,83 m
Antrieb: 1 14-Zylinder-Sternmotor Mitsubishi MK8A Kinsei 51 mit 970 kW (1319 PS)
max. Startmasse: 3900 kg
Höchstgeschwindigkeit: 446 km/h
Reichweite: 2400 km
Gipfelhöhe: 10 000 m
Besatzung: 2
Bewaffnung: 2 MK 20 mm, 1 MG 7,7 mm Typ 92, 250 kg Bomben

FLUGBOOTE UND AMPHIBIENFLUGZEUGE

Arado Ar 196

Einmotoriges Wasserflugzeug in Tiefdecker-Auslegung mit zwei Schwimmern und einem Rumpf aus geschweißtem Stahlrohrrahmen (vorn blechbeplankt, hinten stoffbespannt). Seit 1937 als Nachfolger der He 50 als katapultstartfähiges Standardbordflugzeug der deutschen Marine eingesetzt. Insgesamt wurden 541 Exemplare gebaut.

Typ: Arado Ar 196 A-1
Verwendung: Bordflugzeug
Spannweite: 12,47 m
Länge: 11,00 m
Antrieb: 9-Zylinder-Sternmotor BMW 132K mit 706 kW (960 PS)
max. Startmasse: 3730 kg
Höchstgeschwindigkeit: 310 km/h
Reichweite: 1072 km
Gipfelhöhe: 7020 m
Besatzung: 2
Bewaffnung: 2 MK 20 mm, 1 MG 17 7,92 mm, bis zu 100 kg Bomben

FLUGBOOTE UND AMPHIBIENFLUGZEUGE

Berijew R-1

Zweistrahliges sowjetisches Flugboot mit zweistufigem Bootsrumpf und Kreuzleitwerk. (Erstflug 30.05.1952). Die R-1 war das erste strahlgetriebene Flugboot weltweit. Seine Aufgabe war die Aufklärung und die Bekämpfung feindlicher Ziele. Dazu waren vier 23-mm-Kanonen und eine Bombenlast von 1000 kg vorgesehen. Die R-1 konnte sich aufgrund häufig wiederkehrender Mängel nicht durchsetzen, man machte sich aber die Erfahrungen für die Berijew Be-10 zunutze.

Typ: Berijew R-1
Verwendung: Flugboot
Spannweite: 21,40 m
Länge: 19,43 m
Antrieb: 2 Klimov VK-1 mit je 26,87 kN (2740 kp) Schub
max. Startmasse: 17 000 kg
Höchstgeschwindigkeit: 800 km/h
Reichweite: 2000 km
Gipfelhöhe: 11 500 m
Besatzung: 3
Bewaffnung: 4 Kanonen 23 mm, bis zu 1000 kg Bombenlast

Berijew Be-12 Tschaika

Zweimotoriges Amphibienflugzeug mit Turboprop-Antrieb (Erstflug um 1960). Ursprünglich für die militärische Nutzung entwickelt, wurden die meisten der 150 Maschinen als Aufklärer zur See- und Küstenüberwachung und zur U-Boot-Jagd eingesetzt. Daneben diente die Tschaika auch zur Seenotrettung und zur geologischen Erkundung. Bei den sowjetischen Seefliegerkräften ersetzte sie die Be-6.

Typ: Berijew Be-12
Verwendung: Amphibienflugzeug
Spannweite: 29,71 m
Länge: 30,17 m
Antrieb: 2 Iwtschenko Ai-20D mit je 3126 kW (4250 PS)
max. Startmasse: 29 500 kg
Reisegeschwindigkeit: 320 km/h
Reichweite: 4000 km
Gipfelhöhe: 11 300 m
Besatzung: 10
Bewaffnung: bis 5000 kg Waffenlast

Berijew Be-200

Zweistrahliges Amphibienflugzeug in Schulterdecker-Auslegung mit T-Leitwerk (Erstflug 24.09.1998). Neben ihrer Variabilität – Einsatz für den Passagier- und Frachttransport, für den Umweltschutz und zur Seeüberwachung – überzeugte die Be-200 besonders durch ihre Eignung für Löscheinsätze. In der Exportversion für westliche Märkte wird die Maschine mit Rolls-Royce- oder Allison-Triebwerken angeboten.

Typ: Berijew Be-200
Verwendung: Amphibienflugzeug
Spannweite: 32,78 m
Länge: 32,05 m
Antrieb: 2 Progress D-436TP Turbofans mit je 73,6 kN (7444 kp) Schub
max. Startmasse: 37 200 kg (von Land), 43 000 kg (aus dem Wasser)
Reisegeschwindigkeit: 555–610 km/h
Reichweite: max. 2760 km
Gipfelhöhe: 1700 m (mit 7,5 t Last) bis 3850 m
Passagiere: 64 (8 t Fracht/12 m³ Löschwasser)

Boeing 314 Clipper

Viermotoriges Flugboot in Schulterdecker-Auslegung für Langstrecken (Erstflug am 07.06.1938). In den seitlichen Stabilisierungsschwimmern wurde ein Teil des Treibstoffs untergebracht. Der Clipper war eines der größten Flugzeuge seiner Zeit – zwölf Einheiten flogen für Pan American World Airways auf den Atlantik- und Pazifik-Routen; sie waren besonders luxuriös ausgestattet (u. a. mit Speisesalon und Badezimmern). Anstelle der 74 Passagiersitze konnten in der Kabine 40 Schlafkojen für Nachtreisen hergerichtet werden. Während des 2. Weltkriegs wurden die Clipper für militärische Nachschubtransporte genutzt. 1943 reiste US-Präsident Roosevelt mit einer Boeing 314 (NC-18605 Dixie Clipper) zur Casablanca-Konferenz.

Typ: Boeing 314
Verwendung: Flugboot
Spannweite: 46,33 m
Länge: 32,31 m
Antrieb: 4 Wright GR-2600 Twin Cyclone mit je 1192 kW (1600 PS)
max. Startmasse: 37 422 kg
Reisegeschwindigkeit: 296 km/h
Reichweite: 5600 km
Gipfelhöhe: 13 700 m
Passagiere: 74

FLUGBOOTE UND AMPHIBIENFLUGZEUGE

Canadair CL 415

Zweimotoriges Amphibienflugzeug mit Turboprop-Antrieb (Erstflug 06.12.1993). Die Maschine ist für Löscheinsätze bei Waldbränden optimiert. Für das Auffüllen der Tanks im Wasser benötigt sie nur zwölf Sekunden. Daneben fliegt die CL 415 auch als Patrouillenflugzeug. Die Version CL 415M dient dem Passagier- und Frachttransport. Die CL 415 ist derzeit weltweit das einzige große Amphibienflugzeug.

Typ: Canadair CL 415
Verwendung: Amphibienflugzeug
Spannweite: 28,61 m
Länge: 19,82 m
Antrieb: Pratt & Whitney Canada PW123AF Propellerturbinen mit je 1750 kW (2380 PS)
max. Startmasse: 19 800 kg (von Land), 17 100 kg (aus dem Wasser)
Reisegeschwindigkeit: 287 km/h
Reichweite: max. 2427 km
Gipfelhöhe: 9750 m
Passagiere: bis 30 (oder 4790 kg Fracht oder 6120 l Löschwasser) + 2 Besatzung

Caproni Ca-60

Achtmotoriges Flugboot in dreifacher Dreidecker-Auslegung (Erstflug 04.03.1921). Die drei Dreidecker-Flügelpaare auf dem Rumpf hatten 836 m² Flügelfläche (doppelt so viel wie eine B-52). Mit acht Motoren, je vier mit Druck- und Zugpropellern, hob die Maschine nur einmal kurz ab und stürzte aus 20 Metern Höhe in den Lago Maggiore.

Typ: Caproni Ca-60
Verwendung: Flugboot
Spannweite: 30,50 m
Länge: 23,45 m
Antrieb: 8 Liberty L-12 mit je 293 kW (400 PS)
max. Startmasse: 25 000 kg
Höchstgeschwindigkeit: 112 km/h
Reichweite: 660 km
Passagiere: 60–100 + 8 Besatzung

Consolidated PBY Catalina

Zweimotoriges Amphibienflugzeug in Hochdecker-Auslegung mit zwei Stützschwimmern (Erstflug 1935). Der Seeaufklärer diente im 2. Weltkrieg u. a. der Sicherung von Geleitzügen und konnte 24 Stunden in der Luft bleiben. Mit über 3300 Exemplaren das meistgebaute Amphibienflugzeug.

Typ: Consolidated PBY 5A
Verwendung: Amphibienflugzeug
Spannweite: 31,70 m
Länge: 19,47 m
Antrieb: 2 14-Zylinder Pratt & Whitney R-1930-92 mit je 895 kW (1217 PS)
max. Startmasse: 16 063 kg
Höchstgeschwindigkeit: 288 km/h
Reichweite: 4096 km
Gipfelhöhe: 4481 m
Besatzung: 7–9
Bewaffnung: 3 MG 7,62 mm, 2 MG 12,7 mm, bis zu 2200 kg Bombenlast extern, alternativ 2 Mk 13-2 Torpedos à 983 kg

Dornier Do R4 Superwal

Viermotoriges Passagier-Flugboot (Erstflug im September 1926). Die Maschine wurde auch in einer zweimotorigen Version (als Do R2) gebaut. Kunden konnten zwischen verschiedenen Motoren wählen, die sie selbst anzuliefern hatten. Wale und Superwale wurden auch im Postdienst geflogen.

Typ: Dornier Do R4
Verwendung: Passagierflugboot
Spannweite: 28,60 m
Länge: 24,60 m
Antrieb: 4 Gnôme-Rhône Jupiter VI mit je 318 kW (517 PS)
max. Startmasse: 14 000 kg
Reisegeschwindigkeit: 190 km/h
Reichweite: 1500 km
Gipfelhöhe: 2000 m
Passagiere: 19 + 4 Besatzung

Dornier Do X

Zwölfmotoriges Verkehrsflugschiff (Erstflug 12.07.1929). Die Do X war ihrerzeit das bei weitem größte Flugzeug der Welt. Am 05.11.1930 brach die Do X zu einem weltumrundenden Repräsentationsflug auf, der bis zum 24.05.1932 dauerte. Wirtschaftlich war die Do X ein Misserfolg. Nur drei Maschinen wurden gebaut, zwei davon für Italien. Die deutsche Do X verlor bei einer Landung am 09.05.1933 das Leitwerk, wurde demontiert und nicht wieder aufgebaut. Das Schicksal der italienischen Maschinen ist ungeklärt.

Typ: Dornier Do X
Verwendung: Passagierflugschiff
Spannweite: 48,05 m
Länge: 40,05 m
Antrieb: 12 V-12-Zylinder Curtiss GV-1750 Conqueror mit je 485 kW (660 PS) Startleistung
max. Startmasse: 56 000 kg
Reisegeschwindigkeit: 190 km/h
Reichweite: 1700–2800 km
Gipfelhöhe: 3200 m
Passagiere: 66–100

Dornier Do 26 Seeadler

Viermotoriges Flugboot mit Knickflügeln und einklappbaren Schwimmern (Erstflug 21.05.1938). Vier Dieselmotoren trieben in Tandemgondeln je zwei Zug- und Druckpropeller an. Die Do 26, anfangs als transatlantisches Postflugzeug geplant, wurde für die Luftwaffe als Aufklärer gebaut.

Typ: Dornier Do 26 V-1 A
Verwendung: Aufklärungsflugboot
Spannweite: 30,00 m
Länge: 24,60 m
Antrieb: 4 Dieselmotoren Jumo 205E mit je 442 kW (600 PS)
max. Startmasse: 20 000 kg
Höchstgeschwindigkeit: 335 km/h
Reichweite: 9000 km
Gipfelhöhe: 4800 m
Besatzung: 4
Bewaffnung: 4 MG-151 20 mm

Grumman G-21/JRF Goose

Zweimotoriges Amphibienflugzeug. Ursprünglich als Verbindungsflugzeug für Geschäftsleute aus dem Gebiet von Long Island entworfen, erwies sich die Maschine als taugliches Transportmittel und Aufklärungsflugzeug für die US Coast Guard, die Navy (dort als JRF) und die Army. Während des 2. Weltkriegs auch von Kanada und der RAF genutzt.

Typ: Grumman G-21A/JRF
Verwendung: Amphibienflugzeug
Spannweite: 14,94 m
Länge: 11,68 m
Antrieb: 2 Pratt & Whitney Wasp Junior SB-2 mit je 340 kW (462 PS)
max. Startmasse: 3600 kg
Höchstgeschwindigkeit: 323 km/h
Reichweite: 1030 km
Gipfelhöhe: 6400 m
Besatzung: 6–7

FLUGBOOTE UND AMPHIBIENFLUGZEUGE

Grumman HU-16 Albatross

Zweimotoriges Amphibienflugzeug (Erstflug Prototyp 1947). Nach dem Erfolg der Grumman Goose regte die US-Navy den Bau eines größeren Amphibienflugzeugs an. Es wurde für Seepatrouillen, Seenotrettung und Aufklärungsflüge sowie zur U-Boot-Bekämpfung genutzt. Die 459 bis 1954 gebauten Maschinen verrichteten in den USA und in 16 weiteren Ländern der Welt ihren Dienst.

Typ: Grumman HU-16
Verwendung: Amphibienflugzeug
Spannweite: 29,46 m
Länge: 19,15 m
Antrieb: 2 Wright R-1820-76A oder -76B Cyclone mit je 1062 kW (1444 PS)
max. Startmasse: 17 000 kg
Höchstgeschwindigkeit: 380 km/h
Reichweite: 5280 km
Gipfelhöhe: 6550 m
Besatzung: 3–6
Bewaffnung: bis 2350 kg externe Waffenlast

FLUGBOOTE UND AMPHIBIENFLUGZEUGE

Hughes H-4 Hercules

Achtmotoriges Transportflugboot in Holzbauweise, das zwischen 1942 und 1947 entwickelt und gebaut wurde („Erstflug" 02.11.1947). Die Hughes H-4 Hercules gilt bis heute als die Maschine mit der größten Spannweite und Flügelfläche (1061,80 m²) aller jemals gebauten Luftfahrzeuge. Die US-Navy schrieb 1942 einen Wettbewerb für ein Transportflugboot aus, mit dem amerikanische Soldaten schnell und von U-Booten unbehelligt nach Europa gebracht werden konnten. „Kriegswichtige Werkstoffe" durften dabei nicht verwendet werden. So baute man das Flugboot im Wesentlichen aus Birkenholz. Die Maschine kam für ihren Einsatzzweck zu spät. Weil das Flugboot beim ersten und einzigen Flug im Bereich des Bodeneffekts blieb, bezweifeln Kritiker bis heute die Flugtauglichkeit des Musters.

Typ: Hughes H-4
Verwendung: Transportflugboot
Spannweite: 97,51 m
Länge: 66,74 m
Antrieb: 8 Pratt & Whitney R4360-4A 28-Zylinder-Vierreihen-Sternmotoren mit je 2240 kW (3040 PS)
max. Startmasse: 181 500 kg
Höchstgeschwindigkeit: 378 km/h (geplant)
Reichweite: 4827 km (geplant)
Gipfelhöhe: 6370 m (geplant)
Passagiere: bis 750 + 18 Besatzung

Kawanishi H8K

Viermotoriges Flugboot in Ganzmetallbauweise für militärische Aufgaben (Erstflug 1940). Das Flugboot wurde für Fernaufklärungsflüge und für Transportaufgaben eingesetzt. Es zeichnete sich durch eine sehr hohe Nutzlastkapazität aus und besaß beachtliche Leistungsreserven. Technisch war es den großen Flugbooten der Alliierten (wie Sunderland oder Coronado) sogar überlegen. Es war aber nicht leicht zu fliegen und wurde nur von erfahrenen Piloten beherrscht. Im Laufe der Bauzeit (bis 1945) setzte man verschiedene Motoren ein. Auch die Bewaffnung wurde im Laufe des Krieges weiter verstärkt. 162 Serienmaschinen verschiedener Versionen wurden gebaut. Die letzte Modifikation H8K-4 ging nicht mehr in Serie.

Typ: Kawanishi H8K
Verwendung: Flugboot
Spannweite: 37,80 m
Länge: 28,80 m
Antrieb: 4 Mitsubishi MK4B Kasei 12 mit je 1103 kW (1500 PS)
max. Startmasse: 32 000 kg
Höchstgeschwindigkeit: 470 km/h
Reichweite: 4800 km
Gipfelhöhe: 6800 m
Besatzung: 9
Bewaffnung: bis zu 5 MK 20 mm, 4 MG 7,7 mm, 2 800-kg-Torpedos oder 8 250-kg-Bomben oder 16 60-kg-Bomben

FLUGBOOTE UND AMPHIBIENFLUGZEUGE

Martin M 130

Viermotoriges Verkehrsflugboot in Hochdecker-Auslegung (1932). Der sogenannte China Clipper flog auf den Pazifik-Routen von der amerikanischen Westküste über Hawaii nach Ostasien. Zunächst im Postdienst eingesetzt, diente es seit Oktober 1936 auch für Passagierflüge (48 Sitze bei Tag-, 18 Betten bei Nachtflügen).

Typ: Martin M 130
Verwendung: Verkehrsflugboot
Spannweite: 39,62 m
Länge: 27,62 m
Antrieb: 4 Pratt & Whitney R-1830 Twin Wasp mit je 618 kW (840 PS)
max. Startmasse: 23 580 kg
Reisegeschwindigkeit: 262 km/h
Reichweite: 5150 km
Gipfelhöhe: 5200 m
Passagiere: 46–48

FLUGBOOTE UND AMPHIBIENFLUGZEUGE

Piaggio P.136

Zweimotoriges Amphibienflugzeug mit hoch angesetzten Knickflügeln und zwei Druckschrauben-Triebwerken, die an der Knickstelle in die Tragfläche eingebunden sind (Erstflug 1948). Diese Triebwerksanordnung war zweckmäßig für das Operieren mit voller Zuladung vom Wasser aus. Für den amerikanischen Markt wurde eine spezielle Version, die Royal Gull, entwickelt; ca. 40 Maschinen wurden nach den USA und nach Kanada verkauft.

Typ: Piaggio P.136 L2
Verwendung: Amphibienflugzeug
Spannweite: 13,51 m
Länge: 10,79 m
Antrieb: 2 Avco Lycoming GSO-480 mit je 346 PS (255 kW)
max. Startmasse: 2995 kg
Höchstgeschwindigkeit: 335 km/h
Reichweite: ca. 1450 km
Gipfelhöhe: 7800 m
Passagiere: 4 + 1 Pilot

Short S-25 Sunderland

Viermotoriges **Mehrzweckflugboot** für Langstrecken (1937), freitragender Schulterdecker in Ganzmetallbauweise mit konventionellem Leitwerk; die militärische Version des Verkehrsflugboots S-23 Empire. Einsatzgebiete der Sunderland waren: Seeaufklärung, U-Boot-Abwehr, Transportaufgaben und Seenotdienst. Einige der bis Oktober 1945 gebauten 721 Exemplare standen in Großbritannien und anderen Staaten bis 1958 in Dienst.

Typ: Short S-25 Mk.V
Verwendung: Mehrzweckflugboot
Spannweite: 34,36 m
Länge: 26,01 m
Antrieb: 4 Pratt & Whitney R-1830 Twin-Wasp-Sternmotoren mit je 895 kW (1217 PS)
max. Startmasse: 29 482 kg
Höchstgeschwindigkeit: 343 km/h
Reichweite: 4800 km
Gipfelhöhe: 6250 m
Besatzung: 7–9 (max. 10)
Bewaffnung: bis 10 MG 12,7 mm und 1800–2250 kg Bomben oder Wasserbomben intern

Sikorsky S-40

Viermotoriges Verkehrsflugboot (Erstflug Anfang 1930), abgestrebter und verspannter Hochdecker. Ursprünglich als Amphibienflugzeug entworfen, wurde die Maschine später als Flugboot verwendet, so konnte man die Leermasse verringern und die Zuladung erhöhen. Die S-40 flog bei der PanAm im Liniendienst (Erstflug der ersten PanAm-Maschine am 19.11.1931; Charles Lindbergh hatte das Kommando auf diesem Flug inne).

Typ: Sikorsky S-40
Verwendung: Verkehrsflugboot
Spannweite: 34,80 m
Länge: 23,40 m
Antrieb: 4 Pratt & Whitney R-1690 Hornet mit je 425 kW (580 PS)
max. Startmasse: 6260 kg
Reisegeschwindigkeit: 185 km/h
Reichweite: 925 km
Gipfelhöhe: 5500 m
Passagiere: 40 + 4 Besatzung

Bombenflugzeuge

Mittels Luftfahrzeugen ist man in der Lage, auch weit hinter den feindlichen Linien militärische Schläge auszuführen. Doch noch zu Beginn des 1. Weltkriegs war man sich nicht sicher, was man Flugzeugen tatsächlich zumuten konnte. Das Luftschiff hingegen schien sich als Träger großer Bombenlasten bestens zu eignen. Diese Auffassung änderte sich, als die deutschen Luftschiffe über Großbritannien schwere Verluste erlitten.

Alle Kriegsparteien bauten immer größere und schwerere Bombenflugzeuge, um militärische Ziele, aber auch Infrastrukturen im Hinterland zu treffen. Bomber wenden ihre Waffen nicht nur gegen Waffen und Waffenträger, sondern auch gegen die Waffenschmieden – und gegen die Schmiede und ihre Familien. Die Einsatzdoktrin änderte sich seitdem so oft wie der Charakter des Luftkriegs.

 | BOMBENFLUGZEUGE

AEG G.IV

Zweimotoriges Bombenflugzeug als zweistieliger, verspannter Doppeldecker in Holzbauweise. Trotz seiner robusten Bauart mit einem Stahlrohrrumpf war dieses frühe Bombenflugzeug leicht zu fliegen und eignete sich besonders gut für taktische Angriffe auf kurze Entfernungen. Die G.IV ging Ende 1916 in Serie und kam 1917 in größerem Maßstab an die Front. Nach dem Waffenstillstand 1918 wurden noch einige Maschinen zivil genutzt.

Typ: AEG G.IV
Verwendung: Bombenflugzeug
Spannweite: 18,40 m
Länge: 9,70 m
Antrieb: 2 6-Zylinder Mercedes D IVa mit je 191 kW (260 PS) Startleistung
max. Startmasse: 3630 kg
Höchstgeschwindigkeit: 165 km/h
Reichweite: 650 km
Gipfelhöhe: 4500 m
Besatzung: 3
Bewaffnung: 2 MG 7,9 mm und 400 kg Bombenlast extern

BOMBENFLUGZEUGE

Airco DH.9

Einmotoriges Bombenflugzeug (Erstflug 1917), das aus dem Vorgängermodell DH.4 hervorging. Es sollte für Präzisionsangriffe auf deutsche Städte und Industrieanlagen eingesetzt werden. Häufige Motorenprobleme behinderten oft den Einsatz in voller Staffelstärke. Dennoch wurden bis Ende des 1. Weltkriegs rund 2100 Maschinen hergestellt. Nachdem 1920 De Havilland Teile der Firma Airco übernommen hatte, wurde die DH.9 dort weiter produziert.

Typ: Airco DH.9
Verwendung: Bombenflugzeug
Spannweite: 12,82 m
Länge: 9,27 m
Antrieb: 1 Armstrong Siddeley Puma mit 172 kW (234 PS)
max. Startmasse: 1508 kg
Höchstgeschwindigkeit: 178 km/h
Einsatzdauer: ca. 6 Stunden
Gipfelhöhe: 4725 m
Besatzung: 2
Bewaffnung: 3 MG 7,7 mm, bis 460 kg Bombenlast

Arado Ar 234 Blitz

✎ **Zweistrahliges Bombenflugzeug** in Ganzmetallbauweise (Erstflug am 15.06.1943); erstes Bombenflugzeug der Welt mit Luftstrahlantrieb, gegen Ende des 2. Weltkriegs zunächst als Fernaufklärer, dann als Bomber eingesetzt. Die externe Bombenaufhängung reduzierte die Geschwindigkeit so deutlich, dass die Ar 234 für alliierte Jäger wieder erreichbar wurde.

Typ: Arado Ar 234 B-2
Verwendung: Bombenflugzeug
Spannweite: 14,40 m
Länge: 12,60 m
Antrieb: 2 Jumo 004B Orcan mit je 28,4 kN (2900 kp) Schub
max. Startmasse: 10 000 kg
Höchstgeschwindigkeit: 740 km/h
Reichweite: bis 1100 km
Gipfelhöhe: 10 000 m
Besatzung: 2
Bewaffnung: 2 MK 151 20 mm, 2 MK 108 30 mm, bis zu 2000 kg Bomben extern

Avro 683 Lancaster

Viermotoriges Bombenflugzeug in Mitteldecker-Auslegung, aus dem Manchester-Projekt hervorgegangen (Erstflug des Prototyps 09.01.1941). Maschinen dieses Typs waren seit 1942 für spezielle Bombenmissionen und vor allem Nachtangriffe auf deutsche Städte im Einsatz. Im Laufe des 2. Weltkriegs warfen die Lancaster insgesamt über 600 000 Tonnen Bomben ab. 1954 wurde die letzten der 7377 gebauten Lancaster ausgemustert.

Typ: Avro 683 Lancaster I
Verwendung: Bombenflugzeug
Spannweite: 31,09 m
Länge: 21,13 m
Antrieb: 4 Rolls-Royce Merlin 24s mit 955 kW (1298 PS)
max. Startmasse: 24 000 kg
Höchstgeschwindigkeit: 462 km/h
Einsatzreichweite: 2670 km
Gipfelhöhe: 7470 m
Besatzung: 7
Bewaffnung: 8–10 MG 7,7 mm, bis zu 6350 kg Bombenlast

BOMBENFLUGZEUGE

Boeing B-17 Flying Fortress

Viermotoriges Bombenflugzeug in Mitteldecker-Auslegung (Erstflug Prototyp 28.07.1935). Seinen ersten Kampfeinsatz hatte es 1941; es wurde rasch zum wichtigsten US-Bomber des 2. Weltkriegs. Die Flying Fortress verfügte über eine starke Abwehrbewaffnung und konnte schwerste Beschädigungen aushalten. Gegen frontale Jägerangriffe wurde seit 1942 auch noch ein Kinnturm eingebaut.

Typ: Boeing B-17
Verwendung: Bombenflugzeug
Spannweite: 31,67 m
Länge: 22,83 m
Antrieb: 4 Wright R-1820-97 mit je 640 kW (870 PS)
max. Startmasse: 29 484 kg
Höchstgeschwindigkeit: 462 km/h
Reichweite: 6035 km
Gipfelhöhe: 10 850 m
Besatzung: 9
Bewaffnung: bis zu 13 MG, 4354 kg Bombenlast

Boeing B-29 Superfortress

Viermotoriges strategisches Bombenflugzeug in Mitteldecker-Auslegung (Erstflug Prototyp 21.09.1942). Die B-29 wurde seit Juli 1944 vor allem gegen Ziele in Japan eingesetzt, auch für die Verminung von Seegebieten. Ihre Abwehrbewaffnung bestand aus ferngesteuerten Waffentürmen. Außer bei Boeing wurden die Maschinen auch bei Bell und bei Martin gefertigt. Mit der B-29 wurden auch die ersten Atombombenabwürfe über den japanischen Großstädten Hiroshima und Nagasaki ausgeführt.

Typ: Boeing B-29
Verwendung: Bombenflugzeug
Spannweite: 43,01 m
Länge: 30,18 m
Antrieb: 4 Wright R-3550 mit je 1640 kW (2230 PS)
max. Startmasse: 47 627 kg
Höchstgeschwindigkeit: 575 km/h
Reichweite: 9382 km
Gipfelhöhe: 9708 m
Besatzung: 10
Bewaffnung: 12 MG, MK 20 mm, 9070 kg Bombenlast

Boeing B-47 Stratojet

Sechsstrahliges strategisches Bombenflugzeug in Schulterdecker-Auslegung mit gepfeilten Flügeln (Erstflug Prototyp am 17.12.1947). Mit dem Stratojet sollten die schnell veraltenden propellergetriebenen Kriegsmuster ersetzt werden. Die Serienproduktion begann im Juni 1950. Bei der USAF standen die Stratojets als strategische Atomwaffenträger im Dienst. Außerdem flogen Versionen für Aufklärung und elektronische Kampfführung. Bis 1957 wurden ca. 1800 Maschinen in den verschiedenen Versionen gebaut.

Typ: Boeing B-47
Verwendung: Bombenflugzeug
Spannweite: 35,36 m
Länge: 33,48 m
Antrieb: 6 General Electric J47-GE-25 mit je 26,7 kN (2722 kp) Standschub
max. Startmasse: 93 760 kg
Höchstgeschwindigkeit: 975 km/h
Reichweite: 6436 km
Gipfelhöhe: 11 980 m
Besatzung: 3
Bewaffnung: 2 MK 20 mm (Heck), bis 9070 kg konventionelle Bomben und Nuklearwaffen

Boeing B-52 Stratofortress

Achtstrahliges strategisches Bombenflugzeug, Schulterdecker mit gepfeilten Tragflächen in leicht negativer V-Stellung (Erstflug 15.04.1952). Die B-52 geht auf einen Anforderungskatalog der USAAF von 1945 zurück. Strategische Bomber sollten unabhängig von Stützpunkten im Ausland operieren können. Ursprünglich waren Turboprop-Triebwerke vorgesehen, doch wurden schließlich acht Turbojets in vier Zwillingsgondeln untergebracht sowie die Tragflächen stark gepfeilt (35°); außerdem wurden Luft-Betankungsmöglichkeiten eingerichtet. Das Flügelprofil ist so dünn, dass das Hauptfahrwerk im Rumpf untergebracht ist. Im Laufe von 50 Jahren wurden die verschiedenen Versionen immer wieder veränderten Einsatzzwecken angepasst. So diente die B-52 im Vietnamkrieg für Flächenbombardements, später als Lenkwaffenträger und im Irak- und Afghanistan-Einsatz für Präzisionsangriffe. 2005 waren noch 94 der insgesamt 744 gebauten Maschinen (Muster H) im Einsatz.

Typ: Boeing B-52G
Verwendung: Strategischer Langstreckenbomber
Spannweite: 56,39 m
Länge: 48,03 m
Antrieb: 8 Pratt & Whitney J57-P-43-W mit je 56,9 kN (5080 kp) Standschub
max. Startmasse: 221 357 kg
Höchstgeschwindigkeit: 952 km/h
Reichweite: ca. 14 000 km
Gipfelhöhe: 15 150 m
Besatzung: 6
Bewaffnung: 4 MG 12,7 mm im automatisch gesteuerten Heckstand, bis zu 22 680 kg interne Waffenlast

BOMBENFLUGZEUGE

Bristol Blenheim

Zweimotoriges Bombenflugzeug (Erstflug Prototyp 25.06.1936) in Mitteldecker-Auslegung. Ursprünglich als 6- bis 8-sitziges Zivilflugzeug vom Daily-Mail-Besitzer Lord Rothemere in Auftrag gegeben, wurde die Blenheim kurz vor dem 2. Weltkrieg aufgrund ihrer Geschwindigkeit, die höher war als die der meisten Jäger, zum Bombenflugzeug weiterentwickelt. Steigende Verluste im Laufe des Krieges führten zu einer Umwidmung zum Nachtjäger.

Typ: Bristol Type 142M Blenheim IF
Verwendung: Bombenflugzeug
Spannweite: 17,17 m
Länge: 12,16 m
Antrieb: 2 Bristol Mercury VIII mit je 626 kW (850 PS)
max. Startmasse: 5534 kg
Höchstgeschwindigkeit: 447 km/h auf 4570 m
Reichweite: 1690 km
Gipfelhöhe: 7500 m
Besatzung: 3
Bewaffnung: 1 Kanone K 303, 4 MG, 545 kg Bomben intern, 145 kg extern

Consolidated B-24 Liberator

Viermotoriges **Bombenflugzeug** in Mitteldecker-Auslegung mit doppeltem Seitenleitwerk (Erstflug Prototyp 29.12.1939). Geschätzt wegen seiner enormen Reichweite, wurde der Liberator vor allem auf dem pazifischen Kriegsschauplatz eingesetzt. Bei der USAF war die B-24 als Tagbomber im Einsatz (bei der RAF hauptsächlich nachts).

Typ: Consolidated B-24 Liberator
Verwendung: Bombenflugzeug
Spannweite: 33,53 m
Länge: 20,24 m
Antrieb: 4 Pratt & Whitney R-1830 mit je 883 kW (1200 PS)
max. Startmasse: 25 401 kg
Höchstgeschwindigkeit: 488 km/h
Reichweite: 4590 km
Gipfelhöhe: 8530 m
Besatzung: 12
Bewaffnung: 11 MG 12,7 mm, bis zu 3630 kg Bombenlast

BOMBENFLUGZEUGE

Convair B-36 Peacemaker

Sechsmotoriges amerikanisches Bombenflugzeug in Schulterdecker-Auslegung und von Druckpropellern angetrieben (Erstflug 08.08.1946). Die B-36 wurde während des 2. Weltkriegs mit dem Gedanken entwickelt, Deutschland auch direkt von den USA aus angreifen zu können; 1948 in Dienst gestellt, war die Maschine das größte bis dahin gebaute Bombenflugzeug. Allerdings litt die B-36 auch unter hohem Wartungsaufwand und war sehr kostenintensiv im Unterhalt.

Typ: Convair B-36B
Verwendung: Bombenflugzeug
Spannweite: 70,10 m
Länge: 49,40 m
Antrieb: 6 Pratt & Whitney R-4360-41 mit je 2610 kW (3549 PS)
max. Startmasse: 185 975 kg
Höchstgeschwindigkeit: 660 km/h
Reichweite: 10 945 km
Gipfelhöhe: 12 160 m
Besatzung: 15
Bewaffnung: 12 MK 20 mm, bis zu 38 958 kg konventionelle oder nukleare Bomben

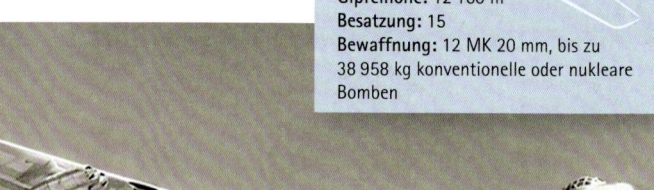

BOMBENFLUGZEUGE | 173

Convair B-58 Hustler

Vierstrahliges amerikanisches Bombenflugzeug in Mitteldecker-Auslegung mit Deltaflügeln (Erstflug 11.11.1956). Erstes Überschall-Bombenflugzeug des Westens, mit dem 19 internationale Rekorde aufgestellt wurden. Nur 116 Serienmaschinen der B-58 wurden gebaut, wegen ihrer Unfallrate und hoher Betriebskosten wurde die Maschine 1969 ganz zurückgezogen.

Typ: Convair B-58A
Verwendung: Bombenflugzeug
Spannweite: 17,32 m
Länge: 29,49 m
Antrieb: 4 General Electric J79-GE-1 Turbojets mit je 69,4 kN (7077 kp) Schub
max. Startmasse: 73 935 kg
Höchstgeschwindigkeit: 2200 km/h
Reichweite: 8248 km
Gipfelhöhe: 19 000 m
Besatzung: 3
Bewaffnung: 1 20-mm-Kanone im Heck, bis zu 8820 kg nukleare oder konventionelle Bombenlast

BOMBENFLUGZEUGE

Curtiss SB2C (A-25) Helldiver

Einmotoriger Sturzkampfbomber in Tiefdecker-Auslegung (Erstflug am 18.12.1940). Die Navy-Version (SB2C) war trägergestützt und besaß einklappbare Tragflächen. Die ersten Helldiver griffen erst im November 1943 in die Kämpfe auf dem pazifischen Kriegsschauplatz ein. Die Version für das USAAC (A-25, siehe Abbildung) wurde nicht im ursprünglich geplanten Umfang gebaut.

Typ: Curtiss SB2C (A-25)
Verwendung: Sturzkampfbomber
Spannweite: 15,20 m
Länge: 10,80 m
Antrieb: 1 Wright R-2600-20 mit 1285 kW (1747 PS)
max. Startmasse: 7550 kg
Höchstgeschwindigkeit: 474 km/h
Reichweite: max. 1860 km
Gipfelhöhe: 8400 m
Besatzung: 2
Bewaffnung: 4 MG 12,7 mm oder 2 MK 20 mm, Zwillings-MG hinten, 1 900-kg-Bombe intern, extern Bomben oder Raketen

BOMBENFLUGZEUGE

Dassault Mirage IV

Zweistrahliges französisches Bombenflugzeug (Erstflug Prototyp 17.06.1959, Serienversion 07.12.1963). In Bau und Ausführung ist die Mirage IV der Mirage II ähnlich, allerdings mit den spezifischen Anforderungen an einen Bomber, der Frankreich zur eigenständigen Atommacht machen sollte. Als die Mirage IV 1964 in Dienst gestellt wurde, war sie das erste europäische Flugzeug, das kontinuierlich Mach 2 fliegen konnte. Mitte der 1980er-Jahre wurden 18 Einheiten zur Version IV P modifiziert, die eine 150-kt-Atomrakete tragen konnte. Die letzte Mirage IV wurde 2005 ausgemustert.

Typ: Dassault Mirage IV A
Verwendung: Bombenflugzeug
Spannweite: 23,50 m
Länge: 11,84 m
Antrieb: 2 SNECMA Atar 9 K Turbofans mit je 68,65 kN (7000 kp) Schub
max. Startmasse: 33 475 kg
Höchstgeschwindigkeit: 2340 km/h (Mach 2,2)
Reichweite: 1240 km
Gipfelhöhe: 18 000 m
Besatzung: 1
Bewaffnung: 1 60-Kilotonnen-Atombombe oder 7260 kg konventionelle Bomben

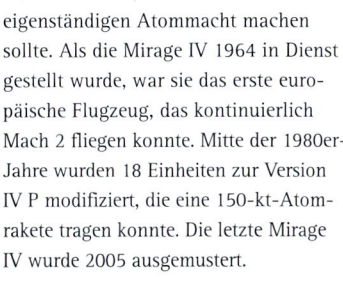

BOMBENFLUGZEUGE

De Havilland DH.98 Mosquito

Zweimotoriges Bombenflugzeug, Mitteldecker in Ganzholzbauweise (Erstflug Prototyp am 25.11.1940). Reichweite und Geschwindigkeit machten ab 1942 die Mosquito zum vielseitigen Mehrzweckflugzeug. In 27 verschiedenen Versionen wurden 7781 Einheiten produziert.

Typ: De Havilland DH.98 Mk.IV
Verwendung: Bombenflugzeug
Spannweite: 16,51 m
Länge: 12,55 m
Antrieb: 2 Rolls-Royce Merlin XXV mit je 919 kW (1250 PS)
max. Startmasse: 9735 kg
Höchstgeschwindigkeit: 620 km/h
Reichweite: 3200 km
Gipfelhöhe: 10 300 m
Besatzung: 2
Bewaffnung: bis zu 4 MG und ca. 1800 kg Bomben

BOMBENFLUGZEUGE

Dornier Do 217

Zweimotoriges Bombenflugzeug, Schulterdecker mit doppeltem Seitenleitwerk auf Basis der Do 17, allerdings mit wesentlich verbesserter Panzerung und Abwehrbewaffnung (Erstflug August 1938). Ab März 1941 in Dienst als standardmäßiger schwerer Nachtbomber der Luftwaffe, war die Do 217 seinerzeit der Bomber mit der größten Zuladung. In mehreren Versionen wurden bis Juni 1944 rund 1905 Exemplare gebaut, davon zahlreiche als Nachtjäger.

Typ: Dornier Do 217 E-2
Verwendung: Bombenflugzeug
Spannweite: 19,15 m
Länge: 17,309 m
Antrieb: 2 BMW 801 A mit je 1177 kW (1600 PS)
max. Startmasse: 16 465 kg
Höchstgeschwindigkeit: 515 km/h
Reichweite: 2300 km
Gipfelhöhe: 9000 m
Besatzung: 4
Bewaffnung: 6 MG, bis 4000 kg Bomben

BOMBENFLUGZEUGE

Douglas SBD Dauntless

Einmotoriges trägergestütztes Bombenflugzeug (Erstflug Prototyp Juni 1935). Die Dauntless war der Standard-Sturzkampfbomber der US-Navy in den 1940er-Jahren und leistete einen wesentlichen Beitrag zu den amerikanischen Erfolgen in den großen Pazifikschlachten des 2. Weltkriegs. Bis Ende 1944 wurden fast 6000 Einheiten gebaut. Unter dem Namen A-24 Banshee gab es auch eine veränderte Version für die US-Army.

Typ: Douglas SBD-6
Verwendung: Bombenflugzeug
Spannweite: 12,65 m
Länge: 10,06 m
Antrieb: 1 luftgekühlter 9-Zylinder-Sternmotor Wright R-1820-66 Cyclone mit 1007 kW (1369 PS)
max. Startmasse: 4318 kg
Höchstgeschwindigkeit: 410 km/h
Reichweite: 1244 km
Gipfelhöhe: 7680 m
Besatzung: 2
Bewaffnung: 2 MG 12,7 mm, 2 MG 7,62 mm, bis zu 730 kg Bombenlast

Douglas A-26 Invader

Zweimotoriges leichtes Bombenflugzeug, nach einer Spezifikation der USAAF von 1940 zur Erdkampfunterstützung entwickelt (Erstflug 1942); ging 1944 in Serie. Die Invader war der schnellste US-Bomber im 2. Weltkrieg, sie flog auch noch im Koreakrieg und wurde in Vietnam eingesetzt. Einige der insgesamt 1355 gebauten Maschinen fliegen heute als Löschflugzeuge.

Typ: Douglas A-26
Verwendung: Bombenflugzeug
Spannweite: 21,34 m
Länge: 15,62 m
Antrieb: 2 Pratt & Whitney R-2800-27 oder -79 mit je 1490 kW (2028 PS)
max. Startmasse: 15 876 kg
Höchstgeschwindigkeit: 571 km/h
Reichweite: max. 2235 km
Gipfelhöhe: 6735 m
Besatzung: 3
Bewaffnung: 10 MG 12,7 mm, 1814 kg Bombenlast

BOMBENFLUGZEUGE

Douglas A-1 Skyraider

Einmotoriges Bomben- und Tiefangriffsflugzeug in Tiefdecker-Auslegung (Erstflug 18.08.1945). Die Maschinen wurden ursprünglich als trägergestütztes Bombenflugzeug entwickelt, kamen im Korea- und im Indochinakrieg zum Einsatz. Über ein Fünftel der 3180 gebauten Maschinen stand noch 1966 im Dienst verschiedener Luftstreitkräfte.

Typ: Douglas A-1H
Verwendung: Tiefangriffsflugzeug
Spannweite: 15,24 m
Länge: 11,94 m
Antrieb: 1 Wright R-3550-26WD Cyclone mit 2013 kW (2737 PS)
max. Startmasse: 11 340 kg
Höchstgeschwindigkeit: 500 km/h
Reichweite: 4900 km
Gipfelhöhe: 7590 m
Besatzung: 1
Bewaffnung: 4 MK 20 mm, 2948 kg Waffenlast extern

English Electric Canberra

Zweistrahliges britisches **Bombenflugzeug** (Erstflug Prototyp 13.05.1949). Entwickelt ab 1944 als Ersatz für die De Havilland Mosquito und 1951 in Dienst gestellt. Unter dem Namen Martin B-57 entstand eine US-Lizenzversion (noch im Vietnamkrieg eingesetzt und in Dienst bis 1983). Die Canberra wurde in über 15 Länder auf vier Kontinenten exportiert. Insgesamt wurden über 1300 Flugzeuge produziert, die auch als Aufklärungs- und Tiefangriffsflugzeuge Verwendung fanden.

Typ: English Electric Canberra B-2
Verwendung: Bombenflugzeug
Spannweite: 19,49 m
Länge: 19,96 m
Antrieb: 2 Turbojets Rolls-Royce Avon 101 mit je 28,9 kN (2948 kp) Schub
max. Startmasse: 21 185 kg
Höchstgeschwindigkeit: 917 km/h
Reichweite: 4274 km
Gipfelhöhe: 14 630 m
Besatzung: 3
Bewaffnung: 4 MG, 2700 kg Bomben

BOMBENFLUGZEUGE

Fairchild Republic A-10

Zweistrahliges Kampfflugzeug (Erstflug Prototyp 11.05.1972). Niedrige Flughöhe, gute Langsamflugeigenschaften und hohe Zielgenauigkeit erlauben den Einsatz der Thunderbolt II gegen alle Bodenziele einschließlich Panzer. Die schon begonnene Ausmusterung wurde 1991 gestoppt.

Typ: Fairchild Republic A-10
Verwendung: Erdkampfflugzeug
Spannweite: 17,53 m
Länge: 16,26 m
Antrieb: 2 General Electric TF34-100 Turbofans mit je 40,3 kN (4110 kp) Schub
max. Startmasse: 23 636 kg
Höchstgeschwindigkeit: 705 km/h
Reichweite: 3950 km
Gipfelhöhe: 10 600 m
Besatzung: 1
Bewaffnung: MK 30 mm, 11 Außenlaststationen für ca. 7200 kg Bomben und Raketen

BOMBENFLUGZEUGE | 183

Fairey Swordfish

Einmotoriges Bombenflugzeug in Doppeldecker-Auslegung (Erstflug des Prototyps TSR.I im März 1933, TSR.II am 17.04.1934, Swordfish am 31.12.1935). Ursprünglich auf Privatinitiative im Jahr 1933 als U-Boot-Jäger entwickelt, ab November 1934 dann in Serienfertigung und seit 1938 standardmäßiger Torpedobomber der Royal Navy Großbritanniens. Es wurden rund 2390 Maschinen in mehreren Versionen gebaut, einige davon kamen auch als Aufklärungsflugzeuge zum Einsatz.

Typ: Fairey Swordfish Mk.II
Verwendung: Bombenflugzeug
Spannweite: 13,87 m
Länge: 10,87 m
Antrieb: 1 Bristol Pegasus XXX mit 552 kW (750 PS)
max. Startmasse: 3406 kg
Höchstgeschwindigkeit: 222 km/h
Reichweite: 1658 km
Gipfelhöhe: 3260 m
Besatzung: 3
Bewaffnung: 2 MG 7,7 mm, Torpedo mit 730 kg

Grumman TBF Avenger

Einmotoriges trägergestütztes Bombenflugzeug, freitragender Mitteldecker mit konventionellem Leitwerk (Erstflug am 01.08.1941). Das dreisitzige Flugzeug avancierte nach dem Kriegseintritt der USA zum Standard-Torpedobomber der Navy. Als aerodynamisch sehr vorteilhaft erwies es sich, dass die Abwurfwaffen, Bomben und/oder Torpedos, vollständig im Rumpfschacht untergebracht werden konnten. Zahlreiche Maschinen wurden an andere verbündete Mächte geliefert und flogen z. B. für die Royal Navy (siehe Abb.) und für die Luftwaffe Neuseelands. Die weiterentwickelte Version TBM-3 konnte Raketen an Unterflügelstationen mitführen. Nach dem Krieg wurde die Avenger noch einige Zeit als Aufklärungs-, Versorgungs- und Rettungsflugzeug verwendet.

Typ: Grumman TBF
Verwendung: Bombenflugzeug
Spannweite: 16,51 m
Länge: 12,48 m
Antrieb: 1 Wright R-2600-2 Cyclone mit 1267 kW (1700 PS)
max. Startmasse: 8278 kg
Höchstgeschwindigkeit: 445 km/h
Reichweite: 4320 km
Gipfelhöhe: 9200 m
Besatzung: 3
Bewaffnung: 3 MG 12,7 mm, 1 MG 7,62 mm, 1 Torpedo, Raketen an Unterflügelstationen

Grumman A-6 Intruder

Zweimotoriges trägergestütztes Bombenflugzeug (Erstflug am 19.04.1960), das seit 1963 im aktiven Dienst auf den Flugzeugträgern der US-Navy steht. Auch das US Marine Corps flog die A-6 von ihren Küstenbasen aus. Intruders kamen im Vietnamkrieg zum Kriegseinsatz. Nach 1996 wurden die Intruder durch die F/A-18 Version E und F ersetzt; die Version EA-6B Prowler für elektronische Kampfführung blieb weiter im Dienst.

Typ: Grumman A-6
Verwendung: Bombenflugzeug
Spannweite: 16,20 m
Länge: 16,60 m
Antrieb: 2 Pratt & Whitney J52-P8B mit je 41 kN (4180 kp) Schub
max. Startmasse: 27 496 kg
Höchstgeschwindigkeit: 1043 km/h
Reichweite: 1734 km
Gipfelhöhe: 12 400 m
Besatzung: 2
Bewaffnung: 5 Außenlaststationen mit je 1633 kg Waffenlast (Bomben, lasergelenkte Bomben, AGM-12 Bullpup u. a.; Nuklearwaffen B57 und B61)

BOMBENFLUGZEUGE

Handley Page H.P.52 Hampden

Zweimotoriges mittleres Bombenflugzeug, freitragender Mitteldecker mit doppeltem Seitenleitwerk (Erstflug Prototyp am 21.06.1938). Maschinen dieses Typs waren am ersten britischen Bombenangriff auf Berlin und am ersten sogenannten 1000-Bomber-Angriff auf Köln beteiligt. Einige Flugzeuge der insgesamt 1430 gebauten Einheiten wurden an die UdSSR geliefert; weitere Hampdens flogen in Australien, Neuseeland und Schweden.

Typ: Handley Page H.P.52 Mk.I
Verwendung: Bombenflugzeug
Spannweite: 21,08 m
Länge: 16,33 m
Antrieb: 2 Bristol Pegasus XVIII mit je 710 kW (965 PS) Startleistung
max. Startmasse: 9526 kg
Höchstgeschwindigkeit: 426 km/h
Reichweite: 1440–3200 km
Gipfelhöhe: 6900 m
Besatzung: 4
Bewaffnung: 5 MG 7,7 mm, 1800 kg Bomben

Handley Page H.P.57 Halifax

Viermotoriges Bombenflugzeug, freitragender Mitteldecker mit doppeltem Seitenleitwerk (Erstflug 25.10.1938), die ersten Serienmaschinen flogen im Oktober 1940 und bildeten das Rückgrat der strategischen Bomberkräfte Großbritanniens. Die Version Mk.II (H.P.59 ab Juli 1941) hatte mit einem zusätzlichen Drehturm auf dem Rumpfrücken eine stärkere Abwehrbewaffnung. Die Mk.III (H.P.61) erschien im August 1943 mit stärkeren Motoren und vergrößerter Spannweite. Bis 1956 wurden 6168 Halifax der verschiedenen Versionen gebaut.

Typ: Handley Page H.P.57
Verwendung: Bombenflugzeug
Spannweite: 31,75 m
Länge: 21,82 m
Antrieb: 4 Bristol Hercules XVI mit je 1230 kW (1672 PS)
max. Startmasse: 29 484 kg
Höchstgeschwindigkeit: 500 km/h
Reichweite: 2030 km
Gipfelhöhe: 7315 m
Besatzung: 7
Bewaffnung: 9 MG 7,7 mm, 5890 kg Bombenlast

Heinkel He 111

Zweimotoriges Bombenflugzeug, freitragender Tiefdecker, Weiterentwicklung der He 70, ursprünglich als zivile Entwicklung im Auftrag der Luft Hansa (Erstflug 1935). Nach Versuchen mit verschiedenen Motorisierungen wurden bis zum Beginn des 2. Weltkriegs bereits mehr als 1000 Bombenflugzeuge gebaut – und in Spanien bei der Legion Condor erprobt. Bis Herbst 1944 wuchs die Zahl der fertiggestellten Maschinen auf über 7000. Die He 111 war einer der Standardbomber der deutschen Luftwaffe.

Typ: Heinkel He 111 P-4
Verwendung: Bombenflugzeug
Spannweite: 22,50 m
Länge: 16,40 m
Antrieb: 2 Daimler-Benz DB 601 A-1 mit je 809 kW (1100 PS)
max. Startmasse: 13 500 kg
Höchstgeschwindigkeit: 390 km/h
Reichweite: 1200–2400 km
Gipfelhöhe: 8000 m
Besatzung: 5
Bewaffnung: 5 MG 7,92 mm, 2 MG 13 mm, 2000 kg Bomben intern

BOMBENFLUGZEUGE 189

Heinkel He 177 Greif

Viermotoriges schweres Bombenflugzeug, freitragender Mitteldecker (Erstflug 19.11.1939). Der Antrieb bestand aus zwei Doppeltriebwerken, die auf jeweils einen Vierblattpropeller wirkten. Die ersten Serienmaschinen (A-1) waren noch unzuverlässig, 1942 erschien leicht verlängert die Serie A-3, 1943 die Serie A-5 in größerer Stückzahl.

Typ: Heinkel He 177 A-5
Verwendung: Bombenflugzeug
Spannweite: 31,44 m
Länge: 20,40 m
Antrieb: 2 Doppelmotoren Daimler-Benz DB 610A/B mit je 2200 kW (2990 PS)
max. Startmasse: 31 000 kg
Höchstgeschwindigkeit: 490 km/h
Reichweite: 5500 km
Gipfelhöhe: 8000 m
Besatzung: 6
Bewaffnung: 2 MK 20 mm, 3 MG 7,92 mm, 3 MG 13 mm, 1000 kg Bomben intern, zwei Gleitbomben

Henschel Hs 129

Zweimotoriges Bombenflugzeug, freitragender Tiefdecker (Erstflug Prototyp am 25.05.1939, Serienproduktion seit 1940). Das Flugzeug war gepanzert und stark bewaffnet, jedoch anfangs untermotorisiert und für den Einsatzzweck, die Erdkampfunterstützung, wegen der durch die Panzerung sehr beschränkten Sicht, nur bedingt geeignet. Spätere Versionen waren stärker motorisiert; die Version B-3 speziell zur Panzerbekämpfung ausgerüstet.

Typ: Henschel Hs 129 B-1
Verwendung: Bombenflugzeug, Schlachtflugzeug
Spannweite: 14,20 m
Länge: 9,75 m
Antrieb: 2 Gnôme-Rhône 14M mit je 522 kW (710 PS)
max. Startmasse: 5250 kg
Höchstgeschwindigkeit: 407 km/h
Reichweite: 560 km
Gipfelhöhe: 9000 m
Besatzung: 1
Bewaffnung: 2 MK 20 mm, 2 MG 7,92 mm, 450-kg-Bomben

BOMBENFLUGZEUGE

Iljuschin Il-2 3M Schturmowik

≈ **Einmotoriges, gepanzertes Schlachtflugzeug** (ein-, später zweisitzig), freitragender Tiefdecker (Erstflug Prototyp 30.12.1939). Die Panzerung des gesamten Rumpfvorderteils schützte Motor, Piloten, Treibstofftank und Bordschützen (bei zweisitzigen Versionen) und hielt selbst direktem Beschuss aus 20-mm-Kanonen stand. Eine verbesserte Version wurde als Il-10 produziert.

Typ: Iljuschin Il-2 3M
Verwendung: Schlachtflugzeug
Spannweite: 14,60 m
Länge: 11,65 m
Antrieb: 1 Mikulin AM-38F mit 1282 kW (1720 PS)
max. Startmasse: 6360 kg
Höchstgeschwindigkeit: 410 km/h
Reichweite: 765 km
Gipfelhöhe: 4525 m
Besatzung: 2
Bewaffnung: 2 MK 23 mm, 1 MG 7,62 mm, 1 MG 12,7 mm, bis 600 kg Bomben, 4–8 Raketen

Iljuschin Il-4

Zweimotoriges Bombenflugzeug in Tiefdecker-Auslegung (Erstflug Juni 1939), Weiterentwicklung des Typs DB-3 mit vollkommen neu konstruierter aerodynamischer Rumpfnase. Wie sein Vorgänger war auch der Typ Il-4 als Fernbomber entworfen worden. Das Flugzeug war eine Ganzmetallkonstruktion, doch wurden während des Krieges wegen Materialmangels auch Holzteile verbaut. Über 5250 Flugzeuge aller Versionen (u. a. auch als Torpedobomber Il-4T) der Il-4 wurden hergestellt.

Typ: Iljuschin Il-4
Verwendung: Bombenflugzeug
Spannweite: 21,44 m
Länge: 14,76 m
Antrieb: 2 Tumanski M-88B mit je 810 kW (1100 PS)
max. Startmasse: 10 055 kg
Höchstgeschwindigkeit: 429 km/h
Reichweite: 3800 km
Gipfelhöhe: 9700 m
Besatzung: 3–4
Bewaffnung: 2 MG 7,62 mm, 1 MG 12,7 mm, bis 2500 kg Bomben

Iljuschin Il-28

Zweistrahliges Bombenflugzeug, freitragender Schulterdecker (Erstflug des Prototyps am 08.07.1948). Das Flugzeug war als taktischer Bomber konzipiert; es wurde in mehreren Versionen (u. a. als Torpedobomber Il-28T) gebaut und war in den prosowjetischen Staaten weit verbreitet.

Typ: Iljuschin Il-28
Verwendung: Bombenflugzeug
Spannweite: 21,45 m
Länge: 17,65 m
Antrieb: 2 Klimow WK-1 mit je 26,5 kN (2700 kp) Startschub
max. Startmasse: 23 200 kg
Höchstgeschwindigkeit: 900 km/h
Reichweite: 2180 km
Gipfelhöhe: 12 500 m
Besatzung: 3
Bewaffnung: je 2 MK 23 mm im Bug und im Heckstand, bis zu 3000 kg Bomben

Junkers Ju 87

Einmotoriges Sturzkampfflugzeug, Tiefdecker mit dreiteiligem Knickflügel und starrem Fahrwerk (Erstflug am 17.09.1935). Die Maschine verfügte ab Version B-2 über eine Abfangautomatik, die das Flugzeug nach dem Bombenabwurf selbsttätig aus dem Sturzflug zog. In den Fahrwerksverkleidungen waren Sirenen eingebaut (sogenannte Jericho-Trompeten), welche die psychologische Wirkung des Angriffs verstärken sollten.

Typ: Junkers Ju 87 B-1 (1938)
Verwendung: Sturzkampfflugzeug
Spannweite: 13,80 m
Länge: 11,00 m
Antrieb: 1 Junkers-Jumo 211 Da mit 882 kW (1200 PS)
max. Startmasse: 4250 kg
Höchstgeschwindigkeit: 380 km/h
Reichweite: 600 km
Gipfelhöhe: 8000 m
Besatzung: 2
Bewaffnung: 2 MG 7,92 mm vorwärts, 1 MG 7,92 mm rückwärts, 1 500-kg-Bombe oder 1 250-kg-Bombe und 4 50-kg-Bomben

Junkers Ju 88

Zweimotoriges **Bombenflugzeug** in Mitteldecker-Auslegung (Erstflug Prototyp 21.12.1936). Das Flugzeug wurde auf Forderung des RLM 1937 sturzflugfähig (mit Abfangautomatik). Den gesamten 2. Weltkrieg über war die Ju 88 in zahlreichen Versionen (etwa als Bomber, Aufklärer und Nachtjäger) im Einsatz. Insgesamt wurden ca. 15 000 Einheiten produziert.

Typ: Junkers Ju 88 A-4
Verwendung: Bombenflugzeug
Spannweite: 20,08 m
Länge: 14,40 m
Antrieb: 2 Junkers Jumo 211 J mit je 1045 kW (1420 PS)
max. Startmasse: 14 000 kg
Höchstgeschwindigkeit: 470 km/h
Reichweite: max. 2730 km
Gipfelhöhe: 8200 m
Besatzung: 4
Bewaffnung: 5 MG 7,92 mm, 1 MG 13 mm, 500 kg Bombenlast intern bis zu 3000 kg Bombenlast an Unterflügelträgern

BOMBENFLUGZEUGE

Junkers Ju 188

Zweimotoriges Bombenflugzeug in Mitteldecker-Auslegung. Das Flugzeug entstand 1941 nach den Einsatzerfahrungen mit der Ju 88 als deren Weiterentwicklung. Auffallend war der sphärisch geformte verglaste „Kampfkopf". Auch Tragflächen und Leitwerke wurden überarbeitet. Von Beginn der Serienfertigung im Sommer 1943 bis zum Kriegsende wurden insgesamt 1036 Maschinen gebaut.

Typ: Junkers Ju 188 A-2
Verwendung: Bombenflugzeug
Spannweite: 22,02 m
Länge: 14,95 m
Antrieb: 2 Junkers Jumo 213 A mit je 1287 kW (1750 PS)
max. Startmasse: 15 000 kg
Höchstgeschwindigkeit: 525 km/h
Reichweite: 2200 km
Gipfelhöhe: 10 000 m
Besatzung: 4
Bewaffnung: 2 MK 20 mm, 2 MG 13 mm, bis 4 MG 7,92 mm, 3000 kg Bomben oder Torpedos

Lockheed F-117 Nighthawk

Zweistrahliger radargetarnter Tiefdecker für Präzisionsangriffe (Erstflug 18.06.1981). Die ungewöhnliche Gestaltung war optimal auf die Stealth-Technologie (reduzierte Radarrückstrahlfläche und Wärmeabstrahlung) ausgerichtet. Die F-117A bestand nahezu aus einer einzigen ebenen, stark mit radarabsorbierendem Material beschichteten Fläche. Zum Schutz gegen IR-Sensoren erhielten die Triebwerke keine Nachbrenner (ihre Schlitzdüsen sind auf der Rumpfoberseite angeordnet). Kampfeinsätze flog die Nighthawk über Panama (1988), in den Golfkriegen 1991 und 2003 sowie über Jugoslawien, wo 1999 eine Maschine verloren ging. Bis Juli 1990 wurden 59 Serienmaschinen gebaut. Die F-Klassifikation war eine bewusste Fehlklassifikation des Bombers zu dessen Tarnung. 2008 wurden die letzten F-117 außer Dienst gestellt.

Typ: Lockheed F-117A
Verwendung: Bombenflugzeug
Spannweite: 13,20 m
Länge: 20,08 m
Antrieb: 2 General Electric F404-F1D2 Turbofans mit je 48 kN (4895 kp) Schub
max. Startmasse: 23 814 kg
Höchstgeschwindigkeit: 1040 km/h
Reichweite: 2100 km
Besatzung: 1
Bewaffnung: 2268 kg Bomben (lasergelenkt)

BOMBENFLUGZEUGE

Martin B-26 Marauder

Zweimotoriges mittelschweres Bombenflugzeug in Schulterdecker-Auslegung (Erstflug 25.11.1940). Kurz nach der ersten Serienversion erschien bereits die verbesserte und schwerer bewaffnete B-26A, die seit Frühjahr 1942 von Australien aus gegen die Japaner operierte. Die Version B-26B wurde seit März 1943 auch in Europa eingesetzt. Die letzte Serienversion B-26G erschien im März 1945. Zahlreiche Maschinen wurden auch an die RAF geliefert.

Typ: Martin B-26G
Verwendung: Bombenflugzeug
Spannweite: 21,65 m
Länge: 17,12 m
Antrieb: 2 Pratt & Whitney RR-2800-43 Double Wasp mit je 1412 kW (1920 PS)
max. Startmasse: 17 320 kg
Höchstgeschwindigkeit: 465 km/h
Reichweite: 1760 km
Gipfelhöhe: 6040 m
Besatzung: 7
Bewaffnung: 11 MG 12,7 mm, 1800 kg Bomben

Martin A-30 Baltimore

Zweimotoriges Bombenflugzeug, freitragender Mitteldecker (Erstflug Prototyp 14.06.1941). Obwohl nach den Spezifikationen der USAAF gebaut, war das Flugzeug nie für die US-Streitkräfte im Einsatz, wohl aber für die RAF, die British Fleet Air Arm sowie für die kanadischen, australischen und südafrikanischen Luftwaffen. Das Flugzeug wurde aus dem Typ Martin 167 entwickelt.

Typ: Martin A-30 Mk.III
Verwendung: Bombenflugzeug
Spannweite: 18,69 m
Länge: 14,78 m
Antrieb: 2 Wright GR-2600-19 Cyclone mit je 1193 kW (1622 PS)
max. Startmasse: 10 430 kg
Höchstgeschwindigkeit: 480 km/h
Reichweite: 1530 km
Gipfelhöhe: 7300 m
Besatzung: 4
Bewaffnung: 4 vorwärts feuernde MG 7,62 mm in den Tragflächen, 4 MG 7,62 mm in Waffenständen, 900 kg Bomben

Mitsubishi Ki-67 Hiryu

Zweimotoriges mittelschweres Bombenflugzeug, freitragender Mitteldecker (Erstflug 27.12.1942). Das Flugzeug sollte die Ki-21 ablösen und fußte konstruktiv auf Elementen des Typs G4M. Das schnelle und sehr manövrierfähige Flugzeug griff ab Oktober 1944 in das Kriegsgeschehen auf dem pazifischen Schauplatz ein.

Typ: Mitsubishi Ki-67-I
Verwendung: Bombenflugzeug
Spannweite: 22,40 m
Länge: 18,70 m
Antrieb: 2 Mitsubishi Ha-42-11 mit je 1417 kW (1900 PS) Startleistung
max. Startmasse: 14 097 kg
Höchstgeschwindigkeit: 550 km/h
Reichweite: 3200 km
Gipfelhöhe: 9150 m
Besatzung: 7
Bewaffnung: 1 MK 20 mm, 4 MG 12,7 mm, 1600 kg Bomben und Torpedos

Mjassischtschew M-4

Vierstrahliges Bombenflugzeug (Erstflug 20.01.1953), freitragender Schulterdecker, Tragwerk stark gepfeilt in leichter negativer V-Stellung, Tandemfahrwerk mit Stützrädern in den Wingtips. Ungefähr 150 Einheiten dieses strategischen Bombers und Nuklearwaffenträgers wurden seit 1954 gebaut, ein Teil mittlerweile verschrottet, ein anderer Teil „eingemottet". 1981 wurde eine Version als Schwertransporter mit doppeltem Seitenleitwerk (WM-T Atlant) für Außenlasten entwickelt.

Typ: Mjassischtschew M-4
Verwendung: Bombenflugzeug
Spannweite: 50,48 m
Länge: 47,20 m
Antrieb: 4 Mikulin AM-3D mit je 85,6 kN (8730 kp) Schub
max. Startmasse: 181 000 kg
Höchstgeschwindigkeit: 1000 km/h
Reichweite: max. 10 700 km
Gipfelhöhe: 8200 m
Besatzung: 6–11
Bewaffnung: 6–10 MK 23 mm, bis 40 000 kg Bomben und Raketen

North American B-25 Mitchell

Zweimotoriges mittelschweres Bombenflugzeug, freitragender Mitteldecker mit Knickflügel und doppeltem Seitenleitwerk (Erstflug am 19.08.1940). Das Flugzeug gilt als einer der vielseitigsten und leistungsfähigsten Bomber des 2. Weltkriegs. Ihren bekanntesten (später von Hollywood verfilmten) Einsatz hatte die B-25, als eine kleine Formation von 16 Flugzeugen vom Flugzeugträger Hornet aus zu einem Angriff auf Tokio startete und in China landete (18.04.1942: Doolittle-Raid).

Typ: North American B-25J
Verwendung: Bombenflugzeug
Spannweite: 20,60 m
Länge: 16,10 m
Antrieb: 2 Wright R-2600-92 mit je 1250 kW (1700 PS)
max. Startmasse: 15 870 kg
Höchstgeschwindigkeit: 440 km/h
Reichweite: 2100 km
Gipfelhöhe: 7620 m
Besatzung: 3–6
Bewaffnung: 12 MG 12,7 mm, 8 Raketen, 1360 kg Bombenlast

Northrop-Grumman B-2 Spirit

Vierstrahliges strategisches Bombenflugzeug (Erstflug 17.07.1989). Die B-2 Spirit ist konstruktiv ein Nurflügelflugzeug, ist vielseitig einsetzbar und kann mit konventionellen wie mit Atomwaffen bestückt und in der Luft betankt werden. Sie verfügt über Tarnkappeneigenschaften gegen elektromagnetische und Infrarotstrahlung (z. B. der Triebwerke), Abgasbeseitigung ohne Kondensstreifen, Kühlung der Düsen zur Verringerung der Infrarotsignatur und eine minimierte Radarsignatur (vergleichbar der einer Hummel). Die Luftbetankungseinrichtung ermöglicht einen unbegrenzten weltweiten Einsatz. Sie gilt als das teuerste bisher gebaute Flugzeug (Stückpreis geschätzt auf 1,8 Milliarden Euro). Lediglich 21 Einheiten wurden gebaut.

Typ: Northrop-Grumman B-2
Verwendung: Strategisches Bombenflugzeug
Spannweite: 52,43 m
Länge: 21,03 m
Antrieb: 4 General Electric F-118-GE-100 Turbofans mit je 84,53 kN (8620 kp) Schub
max. Startmasse: 152 635 kg
Höchstgeschwindigkeit: 1010 km/h (auf 15 000 m)
Reichweite: ca. 10 000–12 000 km (mit Waffenlast)
Gipfelhöhe: ca. 15 150 m
Besatzung: 2
Bewaffnung: bis 18 144 kg Waffenlast in zwei Waffenschächten

 BOMBENFLUGZEUGE

Petljakow Pe-2

Zweimotoriges Sturzkampfflugzeug, freitragender Tiefdecker (Beginn der Erprobung 1939). Ursprünglich als Höhenjagdflugzeug entworfen, wurde er nach den ersten Tests als Sturzkampfflugzeug entwickelt, das während des 2. Weltkriegs an Brennpunkten des Kampfes eingesetzt wurde. Über 11 000 Einheiten wurden gebaut.

Typ: Petljakow Pe-2
Verwendung: Sturzkampfflugzeug
Spannweite: 17,19 m
Länge: 12,60 m
Antrieb: 2 Klimow WK-105R mit je 920 kW (1250 PS)
max. Startmasse: 8500 kg
Höchstgeschwindigkeit: 536 km/h
Reichweite: 1920 km
Gipfelhöhe: 8200 m
Besatzung: 2
Bewaffnung: 1 MG 12,7 mm, 4 MG 7,62 mm, 1000 kg Bombenlast

BOMBENFLUGZEUGE

Polikarpow R-5

Einmotoriges Mehrzweckkampfflugzeug, einstieliger Anderthalbdecker in Holzbauweise (1928, Serienfertigung ab 1931). Das Flugzeug wurde als leichter Bomber, zur Erdkampfunterstützung, als Verbindungsflugzeug und leichter Transporter genutzt. Eine zivile Version flog als Postflugzeug. Über 7000 Exemplare (davon 1000 in zivilen Ausführungen) wurden gebaut.

Typ: Polikarpow R-5
Verwendung: Bombenflugzeug
Spannweite: 15,50 m (oben)
Länge: 10,56 m
Antrieb: 1 M-17-Motor mit 367 kW (500 PS)
max. Startmasse: 2955 kg
Höchstgeschwindigkeit: 228 km/h
Reichweite: 800 km
Gipfelhöhe: 6400 m
Besatzung: 2
Bewaffnung: 3 MG 7,62 mm, 500 kg Bomben extern

BOMBENFLUGZEUGE

Rockwell B-1 Lancer

Vierstrahliger strategischer Bomber mit Schwenkflügeln. In der Mitte der 1960er-Jahre als Nachfolger für die Boeing B-52 konzipiert, ruhte bei North American Rockwell (ab 1973 Rockwell International, 1997 von Boeing übernommen) nach dem Erstflug (B-1A 23.12.1974) die Weiterentwicklung seit 1977, bevor sie 1981 mit gänzlich verändertem Einsatzprofil wieder aufgenommen wurde. Die modernisierte B-1 sollte nun tiefer fliegen, eine geringe Radarsignatur aufweisen und im unteren Überschallbereich Präzisionsangriffe vortragen (Erstflug B-1B 18.10.1984).

Typ: Rockwell B-1B Lancer
Verwendung: Strategischer Langstreckenbomber
Spannweite: 41,67 m ungeschwenkt, 23,84 m nach hinten geschwenkt
Länge: 41,81 m
Antrieb: 4 General Electric F-101-GE-102 Turbofans mit je 136,92 kN (13 960 kp) Schub
max. Startmasse: 216 365 kg
Höchstgeschwindigkeit: 1205 km/h (Tiefflug), 1329 km/h (große Höhe)
Reichweite: ca. 11 265 km (ohne Luftbetankung)
Gipfelhöhe: ca. 9100 m
Besatzung: 4
Bewaffnung: bis zu 36 288 kg Waffenlast in drei Waffenschächten

Savoia Marchetti SM.79 Sparviero

Dreimotoriges Bombenflugzeug (Erstflug 02.10.1934). Ursprünglich als ziviles Transportflugzeug für acht Personen vorgesehen, wurde es schon vom zweiten Prototyp an als Bomber ausgelegt. Die Maschinen der Serie SM.79-I wurden auch im Spanischen Bürgerkrieg eingesetzt. Jugoslawien bestellte davon 45 Stück. Italien trat mit ca. 600 Sparviero in den 2. Weltkrieg ein.

Typ: Savoia Marchetti SM.79-II
Verwendung: Bombenflugzeug
Spannweite: 21,20 m
Länge: 16,20 m
Antrieb: 3 Piaggio P.XI RC.40 mit je 746 kW (1000 PS)
max. Startmasse: 12 500 kg
Höchstgeschwindigkeit: 434 km/h
Reichweite: 1990 km (mit 2 Torpedos)
Gipfelhöhe: 7000 m
Besatzung: 5
Bewaffnung: 3 MG 12,7 mm, 2 MG 7,62 mm, 2 Torpedos 450 mm mit 200-kg-Sprengköpfen

BOMBENFLUGZEUGE

Sikorsky S-23 V Ilja Muromez

Viermotoriges Bombenflugzeug in Doppeldecker-Auslegung und Holzbauweise (Erstflug 1913). Die Ilja Muromez wurde als schwerer Bomber aus einem Zivilflugzeug entwickelt. 73 Exemplare mit unterschiedlicher Bewaffnung und Motorisierung wurden während des 1. Weltkriegs gebaut und von der russischen Luftwaffe eingesetzt. Nur eine einzige Maschine ging im Luftkampf verloren.

Typ: Sikorsky S-23 V
Verwendung: Bombenflugzeug
Spannweite: 29,80 m
Länge: 17,10 m
Antrieb: 4 Sunbeam V8 mit je 110 kW (150 PS)
max. Startmasse: 7460 kg
Höchstgeschwindigkeit: 130 km/h
Reichweite: 560 km
Gipfelhöhe: 3200 m
Besatzung: 4–7
Bewaffnung: Verschiedene MG, 8 100-kg-Bomben, 16 50-kg-Bomben oder 1 656-kg-Bombe

Suchoi Su-25

 Zweistrahliges Erdkampfflugzeug (Erstflug am 22.02.1975); 1982 in Dienst gestellt. Eine kleine Vorserie wurde im Krieg in Afghanistan eingesetzt. Die Su-25 soll im engen Verbund mit Bodentruppen agieren. Ihr Einsatzziel ist die gezielte Zerstörung fester und beweglicher Ziele (gepanzerte Fahrzeuge, Helikopter, Konvois, Brücken, Straßen, Feldbefestigungen u. Ä.).

Typ: Suchoi Su-25K
Verwendung: Erdkampfflugzeug
Spannweite: 14,36 m
Länge: 15,53 m
Antrieb: 2 Tumanski R-195 Turbojets mit je 44 kN (4487 kp) Schub
max. Startmasse: 17 600 kg
Höchstgeschwindigkeit: 970 km/h
Reichweite: max. 1250 km
Gipfelhöhe: 7000 m
Besatzung: 1
Bewaffnung: 1 MK 30 mm, bis zu 4400 kg Primärbewaffnung (Bomben, gelenkte Anti-Radar-Raketen und ungelenkte Raketen)

 BOMBENFLUGZEUGE

Tupolew TB-3

Viermotoriges Bombenflugzeug (auch als ANT-6 bezeichnet), freitragender Tiefdecker, Ganzmetallbauweise mit Wellblechbeplankung (Erstflug 22.12.1930). Das Flugzeug zeichnete sich durch eine große Reichweite und Tragfähigkeit aus. Einige Maschinen dienten als „fliegender Flugzeugträger"; sie nahmen Jagdflugzeuge huckepack oder an Unterflügelstationen auf.

Typ: Tupolew TB-3
Verwendung: Bombenflugzeug
Spannweite: 39,50 m
Länge: 24,40 m
Antrieb: 4 M-17F-Motoren mit je 526 kW (715 PS) Startleistung
max. Startmasse: 17 200 kg
Höchstgeschwindigkeit: 177 km/h
Reichweite: 1350 km
Gipfelhöhe: 3800 m
Besatzung: 8
Bewaffnung: 5 MG 7,7 mm, 2000 kg Bomben

Tupolew SB-2

Zweimotoriges Bombenflugzeug, freitragender Mitteldecker (Erstflug Prototyp am 07.10.1934). Das Flugzeug war seinerzeit schneller als die meisten Jagdflugzeuge. 1936 griffen die SB-2 auf der Seite der Republikaner in den Spanischen Bürgerkrieg ein. 1943 flogen die Maschinen die letzten Kampfeinsätze.

Typ: Tupolew SB-2
Verwendung: Bombenflugzeug
Spannweite: 20,33 m
Länge: 12,27 m
Antrieb: 2 Klimow M-100A mit je 640 kW (870 PS) Startleistung
max. Startmasse: 5627 kg
Höchstgeschwindigkeit: 424 km/h
Reichweite: 1000 km
Gipfelhöhe: 9500 m
Besatzung: 3
Bewaffnung: 3 MG 7,62 mm, 500 kg Bombenlast

 | BOMBENFLUGZEUGE

Tupolew Tu-16

Zweistrahliges Bombenflugzeug, freitragender Mitteldecker (Erstflug Prototyp 27.04.1952); ab 1955 als strategischer, mittelschwerer Bomber in Dienst gestellt. Die Tu-16 bildete das Rückgrat der sowjetischen strategischen Bomberflotte. Aus der militärischen Tu-16 wurde das Verkehrsflugzeug Tu-104 entwickelt.

Typ: Tupolew Tu-16A
Verwendung: Strategisches Bombenflugzeug
Spannweite: 32,99 m
Länge: 34,80 m
Antrieb: 2 Mikulin AM-3M Turbojets mit je 93,16 kN (9500 kp) Schub
max. Startmasse: 75 800 kg
Höchstgeschwindigkeit: 1050 km/h
Reichweite: 7200 km
Gipfelhöhe: 12 800 m
Besatzung: 6
Bewaffnung: 7 MK 23 mm, bis zu 9000 kg Bomben und Raketen

BOMBENFLUGZEUGE

Tupolew Tu-22

Zweistrahliges Bombenflugzeug, freitragender Mitteldecker (Erstflug Prototyp 21.06.1958), erster sowjetischer Überschall-Bomber. Auffallend ist die hohe Anordnung der Triebwerke am Heck. Die Tu-22 wurde ab 1961 in Serie gebaut. Sie wurde außer in ihrer primären Rolle (Angriff auf Bodenziele) auch für Aufklärungsaufgaben und als Seeaufklärer eingesetzt.

Typ: Tupolew Tu-22B
Verwendung: Bombenflugzeug
Spannweite: 23,50 m
Länge: 41,60 m
Antrieb: 2 Kolesow RD-7M mit je 156,9 kN (16 000 kp)
max. Startmasse: 85 500 kg
Höchstgeschwindigkeit: 1510 km/h
Reichweite: 5650 km
Gipfelhöhe: 14 700 m
Besatzung: 3
Bewaffnung: 1 MK 23 mm, bis 24 500-kg-Bomben oder 1 9000-kg-Bombe oder Atombombe

 BOMBENFLUGZEUGE

Tupolew Tu-22M

Zweistrahliges Bombenflugzeug, ab 1966 als Nachfolgemodell für die Tu-22 entwickelt, aber doch eine eigenständige Neukonstruktion mit Schwenkflügeln. Nach den Prototypen und Vorserien genügte erst die Version Tu-22M-2 den Anforderungen; die weiter verstärkte Version Tu-22M-3 war nun als strategische Waffe anzusehen. Über 280 Maschinen aller Versionen wurden gebaut; viele stehen noch immer im Dienst der Luftstreitkräfte und der Seefliegerkräfte.

Typ: Tupolew Tu-22M-3
Verwendung: Bombenflugzeug
Spannweite: 23,30 m bis 34,28 m
Länge: 42,46 m
Antrieb: 2 Kusnezow/KKBM NK-25 mit je 245,2 kN (25 000 kp) Schub
max. Startmasse: 126 400 kg
Höchstgeschwindigkeit: 2300 km/h
Reichweite: 7000 km
Gipfelhöhe: 13 300 m
Besatzung: 4
Bewaffnung: 1 MK 23 mm, 3 Luft-Boden-Raketen Ch-22M oder 10 Ch-15 oder bis zu 24 000 kg Bomben

BOMBENFLUGZEUGE

Tupolew Tu-95

Viermotoriges Bombenflugzeug, freitragender Mitteldecker mit gepfeilten Tragflächen (Erstflug 1954). Das Flugzeug ist der einzige Langstreckenbomber mit Turboprop-Antrieb über gegenläufige Propellerpaare – militärisches Gegenstück zum Verkehrsflugzeug Tu-114. Es wurde auch als Seeaufklärungs- und U-Boot-Jagdflugzeug (Tu-142) sowie bei der elektronischen Kampfführung eingesetzt.

Typ: Tupolew Tu-95MS
Verwendung: Bombenflugzeug
Spannweite: 50,04 m
Länge: 46,90 m
Antrieb: 4 Kusnezow NK-12M mit je 11 032 kW (15 000 PS)
max. Startmasse: 188 000 kg
Höchstgeschwindigkeit: 830 km/h
Reichweite: 10 500 km
Gipfelhöhe: 10 500 m
Besatzung: 7
Bewaffnung: 2 MK 23 mm (Heckkanzel); 6 Raketen Ch-55 intern, bis zu 10 Ch-55 extern

BOMBENFLUGZEUGE

Vickers Wellington

Zweimotoriges Bombenflugzeug, Mitteldecker mit konventionellem Leitwerk (Erstflug des Prototyps am 15.06.1936), der wichtigste britische Bomber zu Beginn des 2. Weltkriegs. Bis Oktober 1945 wurden weit über 11 000 Einheiten produziert; seit 1940 flog die Wellington nur noch Nachtangriffe (April 1941: erster Abwurf einer „Blockbuster"-Luftmine). Außerdem wurde sie bei der Küstenüberwachung und U-Boot-Jagd eingesetzt.

Typ: Vickers Wellington Mk.I
Verwendung: Bombenflugzeug
Spannweite: 26,26 m
Länge: 19,68 m
Antrieb: 2 Bristol Hercules VII/XVI mit je 1165 kW (1585 PS)
max. Startmasse: 16 500 kg
Höchstgeschwindigkeit: 410 km/h
Reichweite: 2125 km
Gipfelhöhe: 7325 m
Besatzung: 6
Bewaffnung: 6 MG 7,7 mm oder 7,92 mm, 2720 kg Bomben

Vickers 667 Valiant

Vierstrahliges Bombenflugzeug, Schulterdecker mit gepfeilten Tragflächen (Erstflug 10.08.1951), der erste der drei britischen V-Bomber und Atombombenträger der RAF. 107 Einheiten wurden produziert; mit konventionellen Bomben griffen Valiants 1956 während der Sueskrise Ziele in Ägypten an. Ab 1960 wurden die meisten Maschinen zu Tankflugzeugen umgerüstet, 1964 mussten die Tanker wegen Materialermüdung außer Dienst gestellt werden.

Typ: Vickers 667 Valiant Mk.I
Verwendung: Bombenflugzeug
Spannweite: 34,76 m
Länge: 32,91 m
Antrieb: 4 Rolls-Royce Avon R28 mit je 44,5 kN (4540 kp) Schub
max. Startmasse: 63 500 kg
Höchstgeschwindigkeit: 912 km/h
Reichweite: 7240 km
Gipfelhöhe: 16 400 m
Besatzung: 5
Bewaffnung: 1 4540-kg-Bombe oder 20 454-kg-Bomben

Vultee A-31 Vengeance

Einmotoriges Sturzkampfflugzeug in Mitteldecker-Auslegung. Gebaut als Vultee Modell V-72 zunächst ohne Regierungsauftrag, gingen 1940 nach dem Fall Frankreichs Maschinen dieses Typs unter der Bezeichnung A-31 an die RAF. Brasilien, China, die Türkei und die UdSSR kauften dieses Flugzeug ebenfalls.

Typ: Vultee A-31
Verwendung: Sturzkampfflugzeug
Spannweite: 14,63 m
Länge: 12,12 m
Antrieb: 1 Wright Cyclone GR-2600-A5B-5 mit 2279 kW (3100 PS)
max. Startmasse: 7440 kg
Höchstgeschwindigkeit: 450 km/h
Reichweite: 3700 km
Gipfelhöhe: 6800 m
Besatzung: 2
Bewaffnung: 6 MG 7,62 mm, 2 225-kg-Bomben intern, 2 113-kg-Bomben extern

BOMBENFLUGZEUGE

Zeppelin Staaken R VI

Viermotoriges Bombenflugzeug, vierstieliger verspannter Doppeldecker. Die Triebwerke trieben in zwei Gondeln jeweils einen Zug- und Druckpropeller. Seit Mitte September 1917 griffen die Staaken wiederholt London an – zum letzten Mal im Oktober 1918. Keine der 18 eingesetzten Staaken wurde abgeschossen.

Typ: Zeppelin R VI Staaken
Verwendung: Bombenflugzeug
Spannweite: 42,20 m
Länge: 22,10 m
Antrieb: 4 Mercedes D IVa mit je 191 kW (260 PS)
max. Startmasse: 11 824 kg
Höchstgeschwindigkeit: 135 km/h
Reichweite: 800 km
Gipfelhöhe: 4300 m
Besatzung: 7
Bewaffnung: 4–7 MG, 2000 kg Bomben

Jäger und Jagdbomber

Als im 1. Weltkrieg Flugzeuge in das Kampfgeschehen eingriffen, ergab sich die Notwendigkeit, die Flugzeuge der jeweiligen Gegenseite abzuwehren. Also stiegen Flugzeuge auf, die andere Flugzeuge jagten. Später begleiteten Jagdflugzeuge andere Flugzeuge wie beispielsweise Bomber oder versuchten Bombenflugzeuge

des Gegners abzufangen. Nach den Zeiten der Spezialisierung auf eng begrenzte Einsatzziele folgte der Trend zu Mehrzweckkampfflugzeugen. Sie bauen auf ein und derselben Plattform auf und sollen im Idealfall den Einsatzzweck möglichst während der Mission wechseln können.

JÄGER UND JAGDBOMBER

Albatros D.III

Einmotoriges Jagdflugzeug des 1. Weltkriegs in Doppeldecker-Auslegung; als Nachfolger der D.II Standardjagdflugzeug seit 1917. Dank der Vorteile hinsichtlich Schnelligkeit und Manövrierfähigkeit gegenüber den Gegnern gelangen Baron Manfred von Richthofen allein im Monat April 1917 21 Abschüsse mit der D.III. Anfang 1918 wurde sie durch die D.V ersetzt. Annähernd 440 Exemplare wurden gebaut.

Typ: Albatros D.III
Verwendung: Jagdflugzeug
Spannweite: 9,05 m
Länge: 7,33 m
Antrieb: 1 Mercedes D.IIIa mit 130 kW (177 PS)
max. Startmasse: 886 kg
Höchstgeschwindigkeit: 175 km/h
Einsatzdauer: ca. 2 h
Gipfelhöhe: 5500 m
Besatzung: 1
Bewaffnung: 2 MG 7,92 mm LMG 08/15 über dem Motor

Bell P-39 Airacobra

Einmotoriges Jagdbombenflugzeug in Tiefdecker-Auslegung (Erstflug April 1939); für die USA als Jagdflugzeug aufgrund verschiedener Defekte und Leistungsdefizite nicht besonders erfolgreich. Bis August 1944 wurden dennoch 9584 Airacobras hergestellt, wovon rund die Hälfte an die UdSSR geliefert wurde, wo die Maschinen als Erdkampfflugzeuge sehr beliebt waren.

Typ: Bell P-39Q
Verwendung: Jagdbombenflugzeug
Spannweite: 10,36 m
Länge: 9,18 m
Antrieb: 1 12-Zylinder Allison V-1710-85 mit 1044 kW (1420 PS)
max. Startmasse: 3750 kg
Höchstgeschwindigkeit: 615 km/h
Reichweite: bis 2000 km
Gipfelhöhe: 10 600 m
Besatzung: 1
Bewaffnung: 1 Kanone 37 mm, 4 MG 12,7 mm, ca. 230 kg Bombenlast extern

Bristol Beaufighter

Zweimotoriges schweres Jagdflugzeug (Erstflug Prototyp 17.07.1939). Der Beaufighter gewann mit Beginn des 2. Weltkriegs aufgrund seiner Geschwindigkeit und Feuerkraft an Bedeutung. Bis Kriegsende wurden in mehreren Varianten insgesamt 5564 Maschinen gebaut. Der Beaufighter fand auch als Nachtjäger, Jagdbomber gegen Seeziele und als Torpedobomber Verwendung.

Typ: Bristol 156 Beaufighter T.F.X
Verwendung: Jagdflugzeug
Spannweite: 17,64 m
Länge: 12,59 m
Antrieb: 2 Bristol Hercules XVII mit je 1286 kW (1748 PS)
max. Startmasse: 11 520 kg
Höchstgeschwindigkeit: 514 km/h auf 3000 m Höhe
Reichweite: 2816 km
Gipfelhöhe: 5790 m
Besatzung: 2
Bewaffnung: 4 Kanonen 20 mm, 7 MG, alternativ 8 Raketen, Torpedos

JÄGER UND JAGDBOMBER

BAe/McDonnell Douglas Harrier II

Einstrahliges Jagdbombenflugzeug mit STOVL-Eigenschaften (Erstflug AV-8 B: 05.11.1981 bzw. BAe Harrier GR Mk.5: 30.04.1985). Der Harrier II ist ein Produkt von BAe Systems und McDonnell Douglas (jetzt zu Boeing gehörend). Er wurde seit den 1980er-Jahren mehrfach modernisiert. Neben US-amerikanischen und britischen Flugzeugträgern sind ebenfalls die Träger Spaniens und Italiens damit bestückt.

Typ: AV-8 B Harrier II plus
Verwendung: Jagdbombenflugzeug
Spannweite: 9,25 m
Länge: 14,12 m
Antrieb: Rolls-Royce-Pegasus 11-61 F408-RR-408 mit 105 kN (10 707 kp) Schub
max. Startmasse: 14 061 kg
Höchstgeschwindigkeit: 1065 km/h
Reichweite: 1780 km
Gipfelhöhe: 15 240 m
Besatzung: 1
Bewaffnung: 2 MK 30 mm, AIM-9 Sidewinder- und AGM-65 Maverick-Raketen

JÄGER UND JAGDBOMBER

Convair F-106 Delta Dart

Einstrahliges Jagdflugzeug, freitragender Mitteldecker (Erstflug 26.12.1956); als Verbesserung der F-102 Delta Dagger entwickelt, um sowjetische Überschall-Bomber in Flughöhe und Geschwindigkeit zu übertreffen. Das allwettertaugliche Modell diente über 28 Jahre lang und hält noch heute den Geschwindigkeitsrekord bei einstrahligen Jets (2455,736 km/h). Die letzte der 340 gebauten Maschinen wurde 1988 außer Dienst gestellt.

Typ: Convair F-106A
Verwendung: Jagdflugzeug
Spannweite: 11,67 m
Länge: 21,56 m
Antrieb: 1 Pratt & Whitney J57-P-17 mit 109 kN (11 115 kp) Schub
max. Startmasse: 17 350 kg
Höchstgeschwindigkeit: 2455 km/h
Reichweite: 4300 km
Gipfelhöhe: 17 400 m
Besatzung: 1
Bewaffnung: 1 Kanone M61 Vulcan 20 mm, 1 AIR 2A oder AIR-2B Atombombe, 4 Raketen

Curtiss P-40E Warhawk

Einmotoriges Erdkampf- und Jagdbombenflugzeug, ursprünglich als Jagdflugzeug entwickelt, war die Maschine bereits 1940 – im Dienst der RAF – ihren Gegnern unterlegen. RAF und USAAF nutzten sie daher zur Nahunterstützung der Bodentruppen. Auf dem chinesischen Kriegsschauplatz konnte sich die P-40 gegen die dort eingesetzten japanischen Flugzeuge behaupten.

Typ: Curtiss P-40E
Verwendung: Jagdbombenflugzeug
Spannweite: 11,38 m
Länge: 10,16 m
Antrieb: 1 Allison V-1710-99 mit 882 kW (1200 PS)
max. Startmasse: 3780 kg
Höchstgeschwindigkeit: 552 km/h
Reichweite: 1200 km
Gipfelhöhe: 9450 m
Besatzung: 1
Bewaffnung: 6 MG 12,7 mm, 3 227-kg-Bomben

JÄGER UND JAGDBOMBER

Dassault Super Etendard

Einstrahliges, trägergestütztes Jagdbombenflugzeug (Erstflug am 21.05.1958). Die Super Etendard wurde 1978 in den Dienst der französischen Marine gestellt. Sie kam aber auch im Falkland-Krieg auf argentinischer Seite zum Einsatz und versenkte mit Exocet-Raketen zwei britische Schiffe (u. a. die Fregatte Sheffield).

Typ: Dassault-Bréguet Super Etendard
Verwendung: Jagdbombenflugzeug
Spannweite: 9,60 m
Länge: 14,31 m
Antrieb: 1 SNECMA Atar 9K50 mit 49 kN (5000 kp) Schub
max. Startmasse: 12 000 kg
Höchstgeschwindigkeit: 1200 km/h
Reichweite: 820 km
Gipfelhöhe: 13 700 m
Besatzung: 1
Bewaffnung: 2 Kanonen DEFA 552A 30 mm, bis zu 2100 kg Bombenlast oder Exocet-Raketen

JÄGER UND JAGDBOMBER

Dassault Mirage F1

Einstrahliges Jagdbombenflugzeug (Erstflug 23.12.1966). Auf Basis der Mirage III entwickelt, gewann sie gegenüber der Vorgängerin an Reichweite und Manövrierfähigkeit. Sie wurde Standard-Kampfflugzeug der französischen Luftwaffe bis zur Einführung der Mirage 2000.

Typ: Dassault-Bréguet Mirage F1C
Verwendung: Jagdbombenflugzeug
Spannweite: 8,40 m
Länge: 15,00 m
Antrieb: 1 SNECMA Atar 9K50 mit 49 kN (5000 kp) Schub
max. Startmasse: 16 200 kg
Höchstgeschwindigkeit: 2355 km/h
Reichweite: 836 km
Gipfelhöhe: 20 000 m
Besatzung: 1
Bewaffnung: 2 MK 30 mm, 2 Raketen, bis zu 4000 kg Bombenlast extern

JÄGER UND JAGDBOMBER

Dassault Mirage 2000

Einstrahliges Jagdbombenflugzeug, Tiefdecker mit Deltaflügeln (Erstflug 10.03.1978). Mit stark erweitertem „Fly-by-wire"-System ausgestattet, wurde das Flugzeug 1975 zum Standard-Kampfflugzeug der französischen Luftwaffe bestimmt. An die bewährte Dassault-Strategie anknüpfend wurde es in etlichen Varianten ausgeführt und für den Export konfiguriert.

Typ: Dassault-Bréguet Mirage 2000
Verwendung: Jagdbombenflugzeug
Spannweite: 9,00 m
Länge: 15,33 m
Antrieb: 1 SNECMA M53-5 mit 88,26 kN (9000 kp) Schub
max. Startmasse: 15 000 kg
Höchstgeschwindigkeit: 2445 km/h
Reichweite: 700 km
Gipfelhöhe: 16 460 m
Besatzung: 1
Bewaffnung: 2 MK 30 mm, 6300 kg Bomben

Dassault Rafale

Zweistrahliges Mehrzweck-Kampfflugzeug (Erstflug des Prototyps am 04.07.1986). Die Rafale ist das modernste Kampfflugzeug der Armée de l'Air und wird in unterschiedlichen Ausführungen in den nächsten Jahren fast alle älteren Modelle bei den See- und Luftstreitkräften ersetzt haben.

Typ: Dassault-Bréguet Rafale A
Verwendung: Kampfflugzeug
Spannweite: 11,20 m
Länge: 15,80 m
Antrieb: 2 General Electric GE F404-GE-100 mit je 69,8 kN (7120 kp) Schub
max. Startmasse: 20 000 kg
Höchstgeschwindigkeit: 2124 km/h
Reichweite: 1850 bis 3705 km
Gipfelhöhe: 19 810 m
Besatzung: 1
Bewaffnung: 1 MK 30 mm, 6000 kg Bomben

Douglas A-1 Skyraider

Einmotoriges Jagdbombenflugzeug in Tiefdecker-Auslegung (Erstflug 18.03.1945); sollte planmäßig die Dauntless als Torpedobomber der US-Navy ersetzen, kam aber im 2. Weltkrieg nicht mehr zum Einsatz. Der Skyraider, von dem es 50 Modifikationen gab, erwies sich allerdings in Korea und Vietnam als extrem leistungsstark. Bis Februar 1957 wurden 3180 Exemplare hergestellt.

Typ: Douglas A-1J
Verwendung: Jagdbombenflugzeug
Spannweite: 15,47 m
Länge: 11,84 m
Antrieb: 1 Wright R 3350-26WB Cyclone mit 2243 kW (3050 PS)
max. Startmasse: 11 340 kg
Höchstgeschwindigkeit: 512 km/h
Reichweite: 2500 km
Gipfelhöhe: 7800 m
Besatzung: 1
Bewaffnung: 4 Kanonen 20 mm, 3630 kg Waffenlast extern

JÄGER UND JAGDBOMBER

Douglas A-3 Skywarrior

🛩️ **Zweistrahliges trägergestütztes Jagdbombenflugzeug** (Erstflug am 28.10.1952). Die Maschine wurde als Kernwaffenträger entwickelt. Die erste Serienversion kam seit 1956 zum Einsatz. Eine grundlegende Weiterentwicklung flog unter der Bezeichnung B-66. Die Skywarrior war das am längsten (bis 1974) in Dienst stehende Trägerflugzeug der U.S. Navy.

Typ: Douglas A-3B
Verwendung: Jagdbombenflugzeug
Spannweite: 22,10 m
Länge: 23,27 m
Antrieb: 2 Pratt & Whitney J57-P-10 mit je 46,7 kN (4760 kp) Schub ohne Nachbrenner und 55,2 kN (5630 kp) mit Nachbrenner
max. Startmasse: 37 195 kg
Höchstgeschwindigkeit: 982 km/h
Reichweite: max. 4660 km
Gipfelhöhe: 12 500 m
Besatzung: 2
Bewaffnung: 4 907-kg- oder 12 454-kg- oder 24 227-kg-Bomben im Waffenschacht, alternativ auch Atombomben

JÄGER UND JAGDBOMBER

Douglas A-4 Skyhawk

Einstrahliges Jagdbombenflugzeug in Tiefdecker-Auslegung mit Deltaflügeln, ursprünglich als trägergestützter Atombomber geplant (Erstflug am 22.06.1954). Die Skyhawk stellte 1954 den damaligen Geschwindigkeits-Weltrekord auf. Insgesamt 2960 Skyhawks wurden bis 1980 produziert, einige Exemplare sind heute noch bei den Streitkräften kleinerer Länder in Dienst.

Typ: Douglas A-4 Skyhawk II
Verwendung: Jagdbombenflugzeug
Spannweite: 8,38 m
Länge: 12,27 m
Antrieb: 1 Turbojet Pratt & Whitney J52-P-8A mit 40,5 kN (4130 kp) Schub
max. Startmasse: 11 113 kg
Höchstgeschwindigkeit: 1086 km/h
Reichweite: max. 3300 km
Gipfelhöhe: 14 500 m
Besatzung: 1
Bewaffnung: 2 MK 20 mm, 3720 kg Bombenlast extern

JÄGER UND JAGDBOMBER

Embraer AMX

Einstrahliges leichtes Jagdbombenflugzeug, das in Kooperation zwischen Brasilien und Italien entwickelt wurde. Das Flugzeug wird für die bewaffnete Aufklärung und zur Erdkampfunterstützung eingesetzt.

Typ: Embraer AMX
Verwendung: Jagdflugzeug
Spannweite: 9,97 m
Länge: 13,24 m
Antrieb: 1 Rolls-Royce Spey Mk. 807 mit 49 kN (5000 kp) Schub
max. Startmasse: 13 000 kg
Höchstgeschwindigkeit: 940 km/h
Reichweite: 3335 km
Gipfelhöhe: 13 500 m
Besatzung: 1
Bewaffnung: 1 MK 20 mm, 2 MK 30 mm, 3800 kg Bomben, Raketen (z. B. Sidewinder)

JÄGER UND JAGDBOMBER

Eurofighter Typhoon

Zweistrahliges **Mehrzweckkampfflugzeug** in Deltakonfiguration mit Entenflügeln (Erstflug 27.03.1994). 1983 als Gemeinschaftsprojekt der NATO-Partner Deutschland, Frankreich, Großbritannien, Italien und Spanien gestartet, sind die Franzosen inzwischen nicht mehr beteiligt. Wegen den geänderten sicherheitspolitischen Rahmenbedingungen wurde die Zahl der ursprünglich geplanten 620 Flugzeuge deutlich reduziert.

Typ: Eurofighter Typhoon
Verwendung: Mehrzweckkampfflugzeug
Spannweite: 10,95 m
Länge: 15,96 m
Antrieb: 2 Turbofans EJ200 mit je 90 kN (9166 kp) Schub
max. Startmasse: 23 500 kg
Höchstgeschwindigkeit: 2125 km/h
Reichweite: 1398 km
Gipfelhöhe: 16 765 m
Besatzung: 1 oder 2
Bewaffnung: 1 Kanone 27 mm, 15 Außenstationen für Luft-Luft- und Luft-Boden-Flugkörper kurzer, mittlerer und großer Reichweite

JÄGER UND JAGDBOMBER 237

FIAT G.91

Einstrahliges Jagdbombenflugzeug in Tiefdecker-Auslegung (Erstflug Prototyp 1956). Das erste nach dem 2. Weltkrieg auch in Deutschland gebaute Strahlflugzeug war fast 30 Jahre lang das wichtigste leichte Erdkampf- und Aufklärungsflugzeug der Luftwaffe. Auch eine zweisitzige Trainingsversion wurde gefertigt.

Typ: FIAT G.91 R3
Verwendung: Jagdbombenflugzeug
Spannweite: 8,53 m
Länge: 10,06 m
Antrieb: 1 Turbojet Bristol Siddeley Orpheus 801 mit 22,3 kN (2270 kp) Schub
max. Startmasse: 5670 kg
Höchstgeschwindigkeit: 1075 km/h
Reichweite: 1850 km
Gipfelhöhe: 13 100 m
Besatzung: 1
Bewaffnung: 2 MK 30 mm DEFA, Raketen oder Bomben an 4 Unterflügelstationen

Focke-Wulf Fw 190

Einmotoriges Jagdflugzeug in Tiefdecker-Auslegung (Erstflug am 13.05.1939). Bei ihrer Einführung 1941 im Kriegseinsatz war die Fw 190 nicht nur der Me 109 überlegen, sondern auch den meisten alliierten Jagdflugzeugen. Bis Kriegsende wurden ca. 20 000 Einheiten in verschiedenen Versionen gebaut, etwa zwei Drittel als Jagdflugzeuge und Nachtjäger, ein Drittel als Jagdbomber und Erdkampfflugzeuge. Einige weitere Maschinen waren als Torpedobomber, Fernaufklärer oder als zweisitzige Schuljäger ausgerüstet. Nach dem Krieg wurden in Frankreich 64 Maschinen der Version A-8 gebaut und als NC 900 geflogen.

Typ: Focke-Wulf Fw 190 A-8
Verwendung: Jagdflugzeug
Spannweite: 10,50 m
Länge: 8,95 m
Antrieb: 1 BMW 801 D mit 1300 kW (1770 PS)
max. Startmasse: 4400 kg
Höchstgeschwindigkeit: 656 km/h
Reichweite: 800 km
Gipfelhöhe: 10 350 m
Besatzung: 1
Bewaffnung: 2 MG 131 12 mm, 4 MG 151 20 mm

JÄGER UND JAGDBOMBER

Focke-Wulf Ta 152

Einmotoriges Jagdflugzeug in Tiefdecker-Auslegung (Erstflug Herbst 1944), als Höhenjäger ab 1943 als Weiterentwicklung der Fw 190 D zur Abwehr der leistungsstarken alliierten Höhenbomber konzipiert. Die Maschine mit ausgezeichneter Flugleistung und Bewaffnung kam allerdings erst Anfang 1945 – und damit zu spät für die Luftwaffe – zum Einsatz. Es wurden 150 Exemplare in mehreren Versionen gebaut.

Typ: Focke-Wulf Ta 152 H-1
Verwendung: Jagdflugzeug
Spannweite: 14,44 m
Länge: 10,71 m
Antrieb: 1 Junkers Jumo 213 E-1 mit 1288 kW (1751 PS)
max. Startmasse: 4750 kg
Höchstgeschwindigkeit: 760 km/h
Reichweite: bis zu 1500 km
Gipfelhöhe: 14 800 m
Besatzung: 1
Bewaffnung: 1 MK 108 30 mm, 2 MG 151 20 mm

JÄGER UND JAGDBOMBER

Fokker Dr.I

Einmotoriges Jagdflugzeug in Dreidecker-Auslegung (Erstflug im Juli 1917). Vom Niederländer Fokker in Schwerin ab 1916 entwickelt und in einer Stückzahl von ca. 350 Einheiten gebaut. Gegen Ende des 1. Weltkriegs erwiesen sich die Dreidecker gegenüber Doppeldeckern generell als unterlegen. Am 21. April 1918 wurde der „Rote Baron" Manfred von Richthofen in einer Fokker Dr.I abgeschossen.

Typ: Fokker Dr.I
Verwendung: Jagdflugzeug
Spannweite: 7,20 m
Länge: 8,80 m
Antrieb: 1 9-Zylinder-Umlaufmotor Oberursel UR II mit 81 kW (110 PS)
max. Startmasse: 670 kg
Höchstgeschwindigkeit: 185 km/h
Reichweite: 250 km
Gipfelhöhe: 6000 m
Besatzung: 1
Bewaffnung: 2 LMG 08/15 Spandau 7,92 mm

General Dynamics F-111

Zweistrahliges Jagdbombenflugzeug, Schulterdecker mit Schwenkflügeln (Erstflug 21.12.1964). Aus dem TFX-Programm (für Mehrzweckjäger und taktische Bomber) entwickelt; erstes betriebsfähiges Schwenkflügelflugzeug der Welt. Aufgrund unterschiedlicher Anforderungen von Navy und Air Force gab es in der Frühphase bei einigen Versionen Abstürze und technische Probleme. Dennoch wurden insgesamt 563 Exemplare gebaut.

Typ: General Dynamics F-111A
Verwendung: Jagdbombenflugzeug
Spannweite: 9,76 m/19,40 m
Länge: 22,40 m
Antrieb: 2 Pratt & Whitney TF30-P-100 mit je 111,6 kN (11 385 kp) Schub
max. Startmasse: 41 500 kg
Höchstgeschwindigkeit: 2655 km/h
Reichweite: 6115 km
Gipfelhöhe: 17 600 m
Besatzung: 2
Bewaffnung: 1 MK 20 mm, 13 600 kg Waffen an 8 Stationen

JÄGER UND JAGDBOMBER

General Dynamics F-16 Fighting Falcon

Einstrahliges Jagdbombenflugzeug in Mitteldecker-Auslegung mit Pfeilflügeln und geraden Tragflächenhinterkanten (Erstflug Prototyp 13.12.1973, Serie 07.08.1978); aufgrund hoher Wendigkeit und hervorragender Flugeigenschaften eines der erfolgreichsten Kampfflugzeuge aller Zeiten. Über 8000 F-16 wurden in mehr als zehn Versionen produziert und in rund 20 Länder exportiert.

Typ: General Dynamics F-16A
Verwendung: Jagdbombenflugzeug
Spannweite: 9,45 m
Länge: 14,52 m
Antrieb: 1 Pratt & Whitney F100-PW 200 mit 106 kN (10 810 kp) Schub
max. Startmasse: 16 050 kg
Höchstgeschwindigkeit: 2145 km/h
Einsatzradius: 1250 km
Gipfelhöhe: 15 240 m
Besatzung: 1
Bewaffnung: 1 MK 20 mm, 5440 kg Bomben extern oder 2–6 AIM-9 Sidewinder-Raketen

JÄGER UND JAGDBOMBER | 243

Gloster Meteor

Zweistrahliges Jagd- und Jagdbombenflugzeug, freitragender Tiefdecker (Erstflug Prototyp 05.03.1943); erstes britisches strahlgetriebenes Kampfflugzeug, kam Mitte 1944 noch zum Einsatz im 2. Weltkrieg, z. B. zur Abwehr deutscher V1-Flugbomben. Konstruktionsbedingt litt die Gloster Meteor an Untermotorisierung und schlechten Sichtverhältnissen. Dennoch stellte sie nach dem Krieg mehrere Geschwindigkeitsrekorde auf.

Typ: Gloster G.41
Verwendung: Jagd- und Jagdbombenflugzeug
Spannweite: 13,11 m
Länge: 12,57 m
Antrieb: 2 Turbojets Rolls-Royce W.2B mit je 7,6 kN (770 kp) Schub
max. Startmasse: 6257 kg
Höchstgeschwindigkeit: 668 km/h
Reichweite: 2156 km
Gipfelhöhe: 12 190 m
Besatzung: 1
Bewaffnung: 4 MG Hispano 20 mm

Grumman F6F Hellcat

Einmotoriges Jagdflugzeug in Mitteldecker-Auslegung (Erstflug Prototyp Juni 1942). Bereits vor dem Angriff auf Pearl Harbour geplant, dann mit Nachdruck als Nachfolger der Wildcat entwickelt und Mitte 1943 als trägergestützter Jagdbomber in Dienst gestellt. Das Flugzeug war vielseitig im Luftkampf, Erdkampf, für Aufklärungs- und Patrouillenflüge sowie Nachteinsätze verwendbar. Es wurden rund 12 500 Exemplare gebaut, von denen einige bis in die späten 1950er-Jahre in Dienst standen.

Typ: Grumman F6F-5
Verwendung: Jagdflugzeug
Spannweite: 13,06 m
Länge: 10,24 m
Antrieb: 1 Pratt & Whitney R-2800-10W mit 1450 kW (1973 PS)
max. Startmasse: 6990 kg
Höchstgeschwindigkeit: 612 km/h
Reichweite: 2462 km
Gipfelhöhe: 11 370 m
Besatzung: 1
Bewaffnung: 6 MG 12,7 mm, ca. 900 kg Bomben oder Raketen

JÄGER UND JAGDBOMBER

Grumman F9F Panther

Einstrahliges Jagdbombenflugzeug, freitragender Mitteldecker (Erstflug Prototyp 24.11.1947). 1949 bei der US-Navy in Dienst gestellt, wurde die F9F eines der wichtigsten US-Kampfflugzeug im Koreakrieg. Zusammen mit der Pfeilflügel-Version F9F-6 Cougar und anderen wurden rund 1300 Maschinen gebaut. Einzelexemplare standen bis in die 1960er-Jahre in Dienst.

Typ: Grumman F9F-6
Verwendung: Jagdbombenflugzeug
Spannweite: 10,52 m
Länge: 13,54 m
Antrieb: 1 Turbojet Pratt & Whitney J48-P-8A mit 37,8 kN (3856 kp) Schub
max. Startmasse: 9352 kg
Höchstgeschwindigkeit: 1050 km/h
Reichweite: 1610 km
Gipfelhöhe: 13 600 m
Besatzung: 1
Bewaffnung: 4 MK 20 mm und 900 kg Bomben oder Raketen

JÄGER UND JAGDBOMBER

Grumman F-14 Tomcat

Zweistrahliges Jagdbombenflugzeug in Mitteldecker-Auslegung mit Schwenkflügeln und doppeltem Seitenleitwerk (Erstflug Prototyp 21.12.1970). 1969 aus einem Entwicklungswettbewerb der Navy als Sieger hervorgegangen, befand sich die Tomcat früh in der Rolle des Luftüberlegenheitsjägers, Aufklärungs- und Patrouillenflugzeugs bei zahlreichen internationalen Einsätzen. Sie war während ihrer Dienstzeit das wichtigste trägergestützte Kampfflugzeug der US-Streitkräfte.

Typ: Grumman F-14A
Verwendung: Jagdbombenflugzeug
Spannweite: 19,54 m
Länge: 19,10 m
Antrieb: 2 Turbofans Pratt & Whitney TF-30P-412A mit je 91,2 kN (9300 kp) Schub
max. Startmasse: 33 724 kg
Höchstgeschwindigkeit: 2550 km/h
Reichweite: 2460 km
Gipfelhöhe: 20 000 m
Besatzung: 2
Bewaffnung: 1 MK 20 mm, 6500 kg Waffen extern (z. B. Phoenix-, Sidewinder- und Sparrow-Raketen)

Hawker Hurricane

Einmotoriges Jagdflugzeug, freitragender Tiefdecker (Erstflug Prototyp 06.11.1935). Das Flugzeug bildete zusammen mit der Spitfire das Rückgrat der britischen Jagdabwehr gegen die deutschen Angriffe zu Beginn des 2. Weltkriegs. Nach 1942 wurden die Hurricanes zu Erdkampf- und Schlachtflugzeugen modifiziert. Über 14 000 Einheiten wurden in verschiedenen Versionen ausgeliefert, von der RAF eingesetzt und in zahlreiche Länder exportiert.

Typ: Hawker Hurricane
Verwendung: Jagdflugzeug
Spannweite: 12,20 m
Länge: 9,98 m
Antrieb: 1 Rolls-Royce Merlin XX mit 940 kW (1280 PS)
max. Startmasse: 3740 kg
Höchstgeschwindigkeit: 542 km/h
Reichweite: 2125 km
Gipfelhöhe: 11 000 m
Besatzung: 1
Bewaffnung: 12 MG 7,7 mm, 2 Bomben oder 8 Raketen

| JÄGER UND JAGDBOMBER

Hawker Tempest

Einmotoriges Jagdflugzeug in Tiefdecker-Auslegung (Erstflug am 02.09.1942); Weiterentwicklung des Typs Hawker Typhoon. Die Tempest entwickelte in niedrigen und mittleren Höhen eine überlegene Geschwindigkeit. Das Flugzeug wurde gegen die einfliegenden Flügelbomben Fi 103 (V-1) eingesetzt, später auch gegen die Me 262. Insgesamt wurden annähernd 1400 Hawker Tempest gebaut.

Typ: Hawker Tempest Mk.V
Verwendung: Jagdflugzeug
Spannweite: 12,50 m
Länge: 10,26 m
Antrieb: 1 Napier Sabre IIB mit 1780 kW (2420 PS)
max. Startmasse: 6142 kg
Höchstgeschwindigkeit: 696 km/h
Reichweite: 2445 km
Gipfelhöhe: 11 000 m
Besatzung: 1
Bewaffnung: 4 MK 20 mm

Heinkel He 219 Uhu

Zweimotoriges Jagdflugzeug, Schulterdecker mit doppeltem Seitenleitwerk (Erstflug Prototyp 15.11.1942). Das Flugzeug wurde seit 1943 als Nachtjäger eingesetzt; seine Flugleistungen übertrafen die der Ju 188 in der Rolle als Nachtjäger deutlich. Eine leichtere Version mit Höhenmotor war in der Lage, die schnell und hoch einfliegenden Mosquitos abzufangen.

Typ: Heinkel He 219
Verwendung: Nachtjäger
Spannweite: 18,53 m
Länge: 15,55 m
Antrieb: 2 DB 603A/G mit je 1287/1434 kW (1750/1900 PS) Startleistung
max. Startmasse: 16 500 kg
Höchstgeschwindigkeit: 615 km/h
Reichweite: 1545–2000 km
Gipfelhöhe: 9400–12 700 m
Besatzung: 2
Bewaffnung: 6 MK 20 mm

Jakowlew Jak-9

Einmotoriges **Jagdflugzeug** in Tiefdecker-Auslegung (Erstflug 1942). Das Flugzeug fußte konstruktiv auf der Jak-1 und wertete die Erfahrungen mit der Jak-3 und der Jak-7 aus. Bis Kriegsende wurden über 14 500 Maschinen in verschiedenen Versionen (u. a. als Panzerbekämpfungs-Flugzeug mit 45-mm-Kanone) hergestellt.

Typ: Jakowlew Jak-9
Verwendung: Jagdflugzeug
Spannweite: 9,74 m
Länge: 8,55 m
Antrieb: 1 Klimow WK-107A mit 1250 kW (1700 PS)
max. Startmasse: 3260 kg
Höchstgeschwindigkeit: 689 km/h
Reichweite: 875 km
Gipfelhöhe: 10 500 m
Besatzung: 1
Bewaffnung: 1 MK 23 mm, 2 MG 12,7 mm, 2 100-kg-Bomben extern

JÄGER UND JAGDBOMBER 251

Jakowlew Jak-38

Einstrahliges Mehrzweckkampfflugzeug mit VTOL-Eigenschaften (erster Schwebeflug 22.09.1970; erster vollständiger Flug mit doppelter Transition 25.02.1972). Das Flugzeug ging aus der Jak-36 hervor. Die Einsatzversion wurde auf den Flugzeugträgern der Kiew-Klasse stationiert. Seit 1981 wurde eine modernisierte Version mit stärkerem Triebwerk als Jak-38M entwickelt.

Typ: Jakowlew Jak-38M
Verwendung: Jagdbombenflugzeug
Spannweite: 7,32 m
Länge: 16,37 m
Antrieb: 1 R-28W-300 mit 69,6 kN (7000 kp), 2 Hubgebläse RD-38 mit je 31,9 kN (3250 kp)
max. Startmasse: 11 700 kg
Höchstgeschwindigkeit: 1010 km/h
Reichweite: 680 km
Gipfelhöhe: 12 000 m
Besatzung: 1
Bewaffnung: 2000 kg extern bei Kurzstart, 600 kg bei Vertikalstart

Kawanishi N1K-J Shiden

Einmotoriges Jagdflugzeug in Tiefdecker-Auslegung (27.12.1942), abgeleitet als landgestützte Version vom Trägerflugzeug N1K. Das Flugzeug gehörte nach dem Verlust der japanischen Träger zu den wichtigsten Jagdflugzeugen der Japaner; es erwies sich als sehr wirkungsvoll gegen die amerikanischen Kampfflugzeuge, doch kam sein Einsatz zu spät und die Stückzahl blieb mit rund 1000 produzierten Einheiten zu gering, um den Ausgang der Kämpfe entscheidend zu beeinflussen.

Typ: Kawanishi N1K-J
Verwendung: Jagdflugzeug
Spannweite: 12,00 m
Länge: 8,89 m
Antrieb: 1 NK9N Homare-21 mit 1324 kW (1800 PS)
max. Startmasse: 4321 kg
Höchstgeschwindigkeit: 575 km/h
Reichweite: 1400 km
Gipfelhöhe: 12 500 m
Besatzung: 1
Bewaffnung: 2 MK 20 mm, 2 MG 7,7 mm, 500 kg Bomben

JÄGER UND JAGDBOMBER

Lockheed P-38 Lightning

Zweimotoriges Jagdflugzeug (Erstflug Prototyp 27.01.1939), Rumpfgondel zwischen zwei Leitwerksträgern, doppeltes Seitenleitwerk durch Höhenleitwerk verbunden. Zunächst als Abfang- und Begleitjäger eingesetzt, flogen spätere Versionen als Jagdbomber, zur Erdkampfunterstützung und als Pfadfinder für Bombergeschwader.

Typ: Lockheed P-38L
Verwendung: Jagdbombenflugzeug
Spannweite: 15,88 m
Länge: 11,55 m
Antrieb: 2 Allison V-1710-111 mit je 1085 kW (1475 PS)
max. Startmasse: 7950 kg
Höchstgeschwindigkeit: 633 km/h
Reichweite: 3620 km
Gipfelhöhe: 13 390 m
Besatzung: 1
Bewaffnung: 4 MG 12,7 mm, 1 MK 20 mm, bis zu 1820 kg Bomben oder Raketen

Lockheed F-80 Shooting Star

Einstrahliges Jagdflugzeug, freitragender Tiefdecker mit konventionellem Leitwerk (Erstflug am 09.01.1944). Die F-80 war das erste strahlgetriebene Kampfflugzeug im Dienst der USAF. Am 19.06.1947 errang es einen Weltrekord mit 1003,91 km/h. Im November 1950 stand die F-80 über Korea als erstes amerikanisches Flugzeug im direkten Gefecht mit chinesischen MiG-15 sowjetischer Bauart.

Typ: Lockheed F-80
Verwendung: Jagdflugzeug
Spannweite: 11,81 m
Länge: 10,49 m
Antrieb: 1 Allison J33-A-35 mit 24 kN (2450 kp) Schub
max. Startmasse: 7646 kg
Höchstgeschwindigkeit: 966 km/h
Reichweite: 1328 km
Gipfelhöhe: 14 265 m
Besatzung: 1
Bewaffnung: 6 MG 12,7 mm, 2 454-kg-Bomben oder Raketen

Lockheed F-104 Starfighter

Einstrahliges Jagdflugzeug, freitragender Mitteldecker mit T-Leitwerk (Erstflug am 28.02.1954). Das Flugzeug entstand aus den Erfahrungen des Koreakriegs. Die weiterentwickelte Version F-104G Super Starfighter (Erstflug 05.10.1960) war bereits ein Mehrzweckkampfflugzeug (Abfangjäger, Aufklärer, Jagdbomber).

Typ: Lockheed F-104
Verwendung: Jagdflugzeug
Spannweite: 13,56 m
Länge: 18,87 m
Antrieb: 1 General Electric J79-GE-11A mit 47,5 kN (4850 kp) Schub
max. Startmasse: 13 170 kg
Höchstgeschwindigkeit: 1845 km/h
Reichweite: 1740 km
Gipfelhöhe: 15 240 m
Besatzung: 1
Bewaffnung: 1 Kanone 20 mm, 2 Luft-Luft-Raketen, 1814 kg Bomben

Lockheed Martin F-22 Raptor

Zweistrahliger, mehrrollenfähiger Luftüberlegenheitsjäger (Erstflug 07.09.1997). Seit 2002 in Serienfertigung, war die erste reguläre USAF-Staffel Ende 2005 einsatzbereit. Mit der F-22 Raptor („Greifvogel") setzte Lockheed Martin neue Standards für die Jäger der 5. Generation im 21. Jahrhundert. Konstruiert nach den Stealth-Prinzipien (radargetarnt), verbindet die F-22 hohe Wendigkeit mit modernster Avionik und fliegt ohne Nachbrenner Überschall-Marschgeschwindigkeit. Um die Stealth-Eigenschaften nicht negativ zu beeinflussen, werden die Waffen bevorzugt in internen Waffenschächten mitgeführt.

Typ: Lockheed Martin F-22A Raptor
Verwendung: Mehrrollenfähiger Luftüberlegenheitsjäger
Spannweite: 13,56 m
Länge: 18,87 m
Antrieb: 2 Turbofans Pratt & Whitney F119-100 mit je 156,06 kN (15 914 kp) Nachbrennerschub
max. Startmasse: 27 216 kg
Höchstgeschwindigkeit: 2335 km/h
Reichweite: ca. 3000 km
Gipfelhöhe: über 19 000 m
Besatzung: 1
Bewaffnung: 1 MK 20 mm, Luft-Luft- und Luft-Boden-Flugkörper, Bomben

JÄGER UND JAGDBOMBER

Lockheed Martin F-35 Lightning II

Einstrahliges, radargetarntes Mehrzweckkampfflugzeug (Erstflug am 15.12.2006). 2001 Sieger im JSF-Wettbewerb für ein gemeinsames Kampfflugzeug für USAF, US Marine Corps (USMC) und US Navy. An der Entwicklung waren neun Staaten beteiligt. Geschaffen wurde eine „Familie" von weitgehend identischen Varianten, die sowohl für landgestützte Einsätze (F-35A) geeignet als auch STOVL-fähig (F-35B mit Hubfan) und flugzeugträgertauglich (F-35C) ist. Im Frühjahr 2008 begann der Serienbau und zwischen Dezember 2008 und Juli 2009 wurde der Rollout aller drei Varianten gefeiert. Bis etwa 2030 sollen die F-16 der USAF und die Jäger der US Navy und des USMC durch F-35 Lightning II ersetzt sein.

Typ: Lockheed Martin F-35A Lightning II
Verwendung: Mehrzweckkampfflugzeug
Spannweite: 10,67 m
Länge: 15,67 m
Antrieb: 1 Turbofan Pratt & Whitney F135 mit 181,36 kN (18 494 kp) max. Schub
max. Startmasse: 31 751 kg
Höchstgeschwindigkeit: 1915 km/h
Reichweite: 2225 km
Gipfelhöhe: 15 240 m
Besatzung: 1
Bewaffnung: 1 MK 25 mm, Luft-Luft- und Luft-Boden-Flugkörper, Bomben

McDonnell F-101 Voodoo

Zweistrahliges Jagdflugzeug in Mitteldecker-Auslegung mit T-Leitwerk (Erstflug Prototyp 29.09.1954). Ursprünglich als Begleitjagdflugzeug in Auftrag gegeben, erstreckten sich seine Einsatzmöglichkeiten bald auf Fähigkeiten eines typischen Mehrzweckkampfflugzeugs, das auch als Jagdbomber und als Atomwaffenträger vorgesehen war. Zu Beginn seiner Serienfertigung war es das schnellste Flugzeug seiner Zeit.

Typ: McDonnell F-101
Verwendung: Jagd- und Jagdbombenflugzeug
Spannweite: 12,09 m
Länge: 20,54 m
Antrieb: 2 Pratt & Whitney J57-P-55 mit je 53,35 kN (5440 kp) Schub
max. Startmasse: 21 170 kg
Höchstgeschwindigkeit: 1963 km/h
Reichweite: 2500 km
Gipfelhöhe: 15 850 m
Besatzung: 2
Bewaffnung: 4 MK 20 mm, bis zu 15 Raketen (z. B. AIM-4E Super Falcon, AIR-2A Genie)

McDonnell Douglas F-4 Phantom II

Zweistrahliges Jagdflugzeug, freitragender Tiefdecker mit konventionellem Leitwerk (Erstflug 27.05.1958). Das Flugzeug war primär als Allwetter-Abfangjäger ausgelegt, wurde aber auch zur Erdkampfunterstützung oder als Aufklärer eingesetzt. Im Lauf der Produktionszeit durchlief das Flugzeug viele Modifikationen und auch Modernisierungsprogramme. Es war an beinahe allen militärischen Konflikten seit 1960 beteiligt. Bis Oktober 1979 wurden 5059 Einheiten (zzgl. japanischer Lizenzbauten) gefertigt.

Typ: McDonnell Douglas F-4
Verwendung: Jagd- und Jagdbombenflugzeug
Spannweite: 11,78 m
Länge: 19,18 m
Antrieb: 2 General Electric J79-GE-17 mit je 79,6 kN (8120 kp) Schub mit Nachbrennern
max. Startmasse: 26 300 kg
Höchstgeschwindigkeit: 2417 km/h (als Jäger)
Reichweite: 2200 km
Gipfelhöhe: 18 180 m
Besatzung: 2
Bewaffnung: MK 20 mm, Raketen an 9 Außenstationen; als Jagdbomber 5625 kg Bomben extern

 JÄGER UND JAGDBOMBER

McDonnell Douglas F-15 Eagle

Zweistrahliges Jagdflugzeug in Mitteldecker-Auslegung mit doppeltem Seitenleitwerk (Erstflug Prototyp am 27.07.1972). Das Flugzeug ist in erster Linie als Luftüberlegenheitsjäger konzipiert; dank moderner Elektronik kann die Crew gegnerische Flugzeuge im eigenen oder feindlichen Luftraum aufspüren, verfolgen und bekämpfen. Daneben erlaubt die Waffenausstattung (mit Gleitbomben, Clusterbomben, lasergelenkten Raketen u. Ä.) auch den Einsatz als Jagdbomber. Sogar eine zweistufige Satellitenabwehrrakete ist schon von einer Eagle aus gestartet worden.

Typ: McDonnell Douglas F-15A
Verwendung: Jagdflugzeug
Spannweite: 16,68 m
Länge: 11,23 m
Antrieb: 2 Pratt & Whitney F100-PW-100 Turbofans mit je 112,1 kN (11 430 kp) Schub mit Nachbrennern
max. Startmasse: 25 000 kg
Höchstgeschwindigkeit: 2655 km/h (in 11 000 m)
Reichweite: 4500 km
Gipfelhöhe: 20 400 m
Besatzung: 2
Bewaffnung: 1 Gatling-MK 20 mm, 8 Raketen (4 Sidewinder, 4 Sparrow oder 8 AIM-120 AMRAAM) extern

McDonnell Douglas F-18 Hornet

Zweistrahliges Jagdbombenflugzeug in Mitteldecker-Auslegung mit doppeltem Seitenleitwerk und einklappbaren Tragflächen (Erstflug am 18.11.1978). Das Flugzeug überzeugte die Militärs durch seine Standfestigkeit (es überstand sogar direkte Treffer von Boden-Luft-Raketen) und seine Variabilität: Schnell lässt sich die Einsatzweise vom Luftüberlegenheitsjäger zum Erdkampfflugzeug umstellen, gegebenenfalls bei laufender Mission. Die Versionen A und C sind einsitzig, die Versionen B und D zweisitzig (ein Pilot und ein Waffensystemoffizier).

Typ: McDonnell F-18D
Verwendung: Jagd- und Jagdbombenflugzeug
Spannweite: 11,43 m
Länge: 17,07 m
Antrieb: 2 General Electric F404/402-GE-400 Turbofans mit je 79,16 kN (8070 kp) Schub
max. Startmasse: 25 400 kg
Höchstgeschwindigkeit: 1912 km/h
Reichweite: 3700 km (mit Zusatztanks)
Gipfelhöhe: 15 240 m
Besatzung: 2
Bewaffnung: 1 MK Gatling 20 mm, Raketen (Sidewinder, Sparrow, AMRAAM, Harpoon, HARM, Shrike, SLAM, Maverick u. a. Waffen)

Messerschmitt Bf 109 (Me 109)

Einmotoriges Jagdflugzeug, freitragender Tiefdecker in Ganzmetallbauweise, Leitwerksruder stoffbespannt (Erstflug September 1935). Im Wettbewerb gegen die Entwürfe mehrerer anderer Firmen setzte sich Messerschmitts Typ (noch aus seiner Arbeit in den Bayerischen Flugzeugwerken stammend) durch und wurde zum Standardjagdflugzeug der deutschen Luftwaffe: als Luftüberlegenheitsjäger, Begleit- und Abfangjäger sowie als Jagdbomber. Insgesamt wurden mehr als 33 000 Einheiten (darunter viele Lizenzbauten) in zahlreichen Versionen gefertigt; namentlich während des 2. Weltkriegs wurden aufgrund der Einsatzerfordernisse und -erfahrungen ständig Verbesserungen und Anpassungen vorgenommen. In der Baureihe G (Großserie ab 1943) entstanden 70 Prozent aller Versionen.

Typ: Messerschmitt Bf 109 G-10
Verwendung: Jagdflugzeug
Spannweite: 9,97 m
Länge: 8,95 m
Antrieb: 1 DB 605 B mit max. 1085 kW (1475 PS)
max. Startmasse: 3500 kg
Höchstgeschwindigkeit: 685 km/h (in 7000 m)
Reichweite: 560 km
Gipfelhöhe: 12 500 m
Besatzung: 1
Bewaffnung: 2 MG 13 mm, 1 MK 20 mm oder 30 mm (durch die Propellernabe feuernd), weitere Rohrwaffen, Raketen und Bomben (50, 250 oder 500 kg) an Unterflügelstationen

JÄGER UND JAGDBOMBER

Messerschmitt Bf 110 (Me 110)

Zweimotoriges Jagdflugzeug, freitragender Tiefdecker, Höhenleitwerk auf Rumpf aufsitzend mit doppeltem Seitenleitwerk (Erstflug 12.05.1936). Das Flugzeug sollte als sogenannter Zerstörer die Bomberstaffeln begleiten. Jedoch erwies sich in der Luftschlacht über England, dass die Me 110 zu unbeweglich für diese Aufgabe war (über 200 Maschinen Verlust). Ab Ende 1940 wurden deshalb veränderte Versionen als Jagdbomber, Aufklärer und Nachtjäger gebaut, ab 1943 fast ausschließlich als Nachtjäger (mit Lichtensteingerät und „schräger Musik" ausgestattete Modifikationen).

Typ: Messerschmitt Bf 110
Verwendung: Nachtjäger
Spannweite: 16,29 m
Länge: 12,68 m
Antrieb: 2 Daimler-Benz DB 605 B mit je 1085 kW (1475 PS)
max. Startmasse: 9800 kg
Höchstgeschwindigkeit: 585 km/h
Reichweite: max. 850 km
Gipfelhöhe: 8000 m
Besatzung: 3
Bewaffnung: 4 MG 7,92 mm, 2 MK 20 mm, 1 Zwillings-MG 7,92 mm im Kanzelheck (ab 1944 2 MG FF/M als „schräge Musik")

Messerschmitt Me 163 Komet

Einstrahliges Jagdflugzeug mit Raketenantrieb, freitragender Mitteldecker, Seitenleitwerk ohne Höhenleitwerk (erster Gleitflug Frühjahr 1941, Flugerprobung mit Antrieb Sommer 1941). Am 02.10.1941 erreichte das Versuchsmuster im Horizontalflug eine Geschwindigkeit von 1003 km/h. Im Sommer 1944 wurde eine Jagdflieger-Einheit mit den neuen Raketenjägern ausgerüstet und gegen US-amerikanische B-17 eingesetzt. Die Einsätze verliefen mit neun Abschüssen bei 14 eigenen Verlusten nicht erfolgreich.

Typ: Messerschmitt Me 163 B-1a
Verwendung: Jagdflugzeug
Spannweite: 9,30 m
Länge: 5,70 m
Antrieb: 1 Walter HWK 109-509 A-2 mit 15,7 kN (1600 kp) Schub
max. Startmasse: 4310 kg
Höchstgeschwindigkeit: 955 km/h
Reichweite: 80–100 km
Gipfelhöhe: 12 000 m
Besatzung: 1
Bewaffnung: 2 MK 30 mm

Messerschmitt Me 262

Zweistrahliges Jagdflugzeug, freitragender Tiefdecker (Erstflug 17.07.1942, zuvor Erstflug mit Kolbenmotor 18.04.1941). Hitler verbot persönlich den Einsatz der Me 262 als Jagdflugzeug; stattdessen musste das Flugzeug als „Blitzbomber" eingesetzt werden, wodurch es seinen Geschwindigkeitsvorteil gegenüber den alliierten Jägern wieder verlor. Überdies erlitt die ohne ausreichende Erprobung in Dienst gestellte Maschine zahlreiche Unfälle. 1945 konnten die meisten der insgesamt 1433 gefertigten Me 262 wegen Treibstoffmangels nicht mehr aufsteigen. Die von den Alliierten befürchtete Düsenjägeroffensive blieb aus.

Typ: Messerschmitt Me 262 A-1a
Verwendung: Jagdflugzeug
Spannweite: 12,65 m
Länge: 10,60 m
Antrieb: 2 Junkers Jumo 004 B mit je 8,8 kN (900 kp) Schub
max. Startmasse: 6775 kg
Höchstgeschwindigkeit: 870 km/h (in 6000 m)
Reichweite: 1050 km
Gipfelhöhe: 11 400 m
Besatzung: 1
Bewaffnung: 4 MK 108 30 mm

JÄGER UND JAGDBOMBER

Mikojan/Gurewitsch MiG-19

Zweistrahliges Jagdflugzeug, freitragender Mitteldecker (Erstflug am 16.05.1951), Weiterentwicklung der MiG-17 mit zwei Strahltriebwerken, das als Allwetter-Jagdflugzeug und als Jagdbomber eingesetzt werden konnte. Die Maschinen wurden in 25 Staaten von deren Luftstreitkräften geflogen (bei der NVA in Dienst 1959–1967). MiG-19 Abfangjäger kamen im Vietnamkrieg zum Einsatz.

Typ: Mikojan/Gurewitsch MiG-19
Verwendung: Jagdflugzeug
Spannweite: 9,20 m
Länge: 12,60 m
Antrieb: 2 Tumanski WP-6 mit je 31,9 kN (3250 kp) Schub
max. Startmasse: 8700 kg
Höchstgeschwindigkeit: 1450 km/h
Reichweite: max. 1370 km
Gipfelhöhe: 17 500 m
Besatzung: 1
Bewaffnung: 3 MK 30 mm, gelenkte und ungelenkte Raketen oder 1000 kg Bomben an 4 Unterflügelstationen

Mikojan/Gurewitsch MiG-23

Einstrahliges Jagdflugzeug, freitragender Schulterdecker mit Schwenkflügeln (Erstflug 1967). Das Flugzeug wurde als Abfang- und Luftüberlegenheitsjäger und als Jagdbomber eingesetzt. Dank verbesserter Langsamflugeigenschaften (Schwenkflügel) konnten extrem kurze Pisten genutzt werden.
25 Luftwaffen betrieben die MiG-23 in verschiedenen Versionen; Indien produzierte sie in Lizenz. Die Jagdbomberversion (MiG-23BN, auch MiG-27) weist erhebliche technische Abweichungen von den Jagdflugzeugen auf.

Typ: Mikojan/Gurewitsch MiG-23
Verwendung: Jagdflugzeug
Spannweite: 7,77–13,96 m
Länge: 16,70 m
Antrieb: 1 Strahltriebwerk Tumanski R-29-300 mit 112,8 kN (11 500 kp) Schub
max. Startmasse: 18 800 kg
Höchstgeschwindigkeit: 2245 km/h
Reichweite: max. 2420 km
Gipfelhöhe: 18 200 m
Besatzung: 1
Bewaffnung: 1 MK 23 mm im Rumpf mittig auf absenkbarer Lafette; gelenkte Luft-Luft-Raketen (R-3S, R-60, R-23T, R-23R u. Ä.)

Mikojan/Gurewitsch MiG-29

Zweistrahliges Jagdflugzeug, freitragender Mitteldecker mit pfeilförmigem Trapezflügel (Erstflug Prototyp am 06.10.1977). Das Flugzeug ist vom Entwurf her als Gegenstück zu den amerikanischen Kampfflugzeugen F-15 und F-16 geplant worden und soll als Luftüberlegenheitsjäger der Frontstreitkräfte eingesetzt werden. Für den Start von Feldflugplätzen können die tief angebrachten Lufteinläufe der Triebwerke geschlossen werden, damit keine Fremdkörper angesaugt werden. Die MiG-29 ist außerordentlich wendig und kann das sogenannte Kobra-Manöver im Nah-Luftkampf ausführen. Das Flugzeug verfügt über moderne Zielerfassungs- und Feuerleittechnik (Frontscheibenprojektor, Helmvisieranlage, Laser und Infrarotpeiler usw.); es wird nach wie vor gebaut und in viele Länder exportiert. Die Version MiG-29K dient auf dem Flugzeugträger Admiral Kusnezow der Russischen Marine.

Typ: Mikojan/Gurewitsch MiG-29
Verwendung: Jagdflugzeug
Spannweite: 11,36 m
Länge: 17,32 m
Antrieb: 2 Tumanski R-33D Turbofans mit je 86,4 kN (8810 kp) Schub mit Nachbrenner
max. Startmasse: 21 000 kg
Höchstgeschwindigkeit: 2430 km/h
Reichweite: max. 2900 km
Gipfelhöhe: 18 000 m
Besatzung: 1–2
Bewaffnung: 1 MK 30 mm, gelenkte und ungelenkte Raketen, bis 3500 kg Bomben an bis zu 6 Außenlaststationen

Mikojan/Gurewitsch MiG-31

Zweistrahliges Jagdflugzeug, freitragender Schulterdecker (Erstflug 16.09.1975), das als Abfangjäger gegen strategische Bomber, Marschflugkörper und Tarnkappenbomber eingesetzt werden kann und aus der MiG-25 entwickelt wurde. Als erstes sowjetisches Flugzeug besaß es digitale Waffenleittechnik. Die Serienproduktion begann 1979; ca. 500 Einheiten wurden produziert.

Typ: Mikojan/Gurewitsch MiG-31
Verwendung: Jagdflugzeug
Spannweite: 13,46 m
Länge: 22,69 m
Antrieb: 2 Solowjow D-30F-6 Perm mit je 151,9 kN (15 500 kp) Schub
max. Startmasse: 46 200 kg
Höchstgeschwindigkeit: 3000 km/h
Reichweite: max. 3300 km
Gipfelhöhe: 24 400 m
Besatzung: 2
Bewaffnung: 1 MK 23 mm, bis 6 Luft-Luft-Raketen R-33, weitere Raketen an Außenlaststationen

 JÄGER UND JAGDBOMBER

Mikojan/Gurewitsch MiG-33

Zweistrahliges Jagdflugzeug, freitragender Mitteldecker, modernisierte Version der MiG-29 (offiziell als MiG-29M bezeichnet). Die Bezeichnung MiG-33 verwendet der Hersteller für potenzielle Kunden aus dem Ausland. Die Zelle wurde auf der Basis der trägergestützten MiG-29K grundlegend überarbeitet. Die Lufteinläufe wurden vergrößert und besser gegen Fremdkörper gesichert.

Typ: Mikojan/Gurewitsch MiG-33
Verwendung: Jagdflugzeug
Spannweite: 11,40 m
Länge: 17,30 m
Antrieb: 2 RD-33K Turbojets mit je 81,4 kN (8300 kp) Schub
max. Startmasse: 15 300 kg
Höchstgeschwindigkeit: 2450 km/h
Reichweite: 1500 km
Gipfelhöhe: 18 000 m
Besatzung: 1
Bewaffnung: 1 MK 30 mm, Luft-Luft-Raketen (AA-10, AA-11, AA-12) und weitere Raketen oder Bomben bis zu 4500 kg Gesamtwaffenlast

Mitsubishi A6M

Einmotoriges Jagdflugzeug, freitragender Tiefdecker mit konventionellem Leitwerk (Erstflug 01.04.1939). Das Flugzeug entstand aufgrund einer Ausschreibung der japanischen Marine für ein trägergestütztes Jagdflugzeug als Nachfolger der A5M4. Der offizielle alliierte Codename Zeke konnte sich nie gegen den populären Namen Zero durchsetzen. Zeros bildeten das Rückgrat des Angriffs auf Pearl Harbor. Die Gesamtproduktionszahl lag bei über 11 000.

Typ: Mitsubishi A6M5b
Verwendung: Jagdflugzeug
Spannweite: 12,00 m
Länge: 9,07 m
Antrieb: 1 Nakajima Sakae 21 mit 830 kW (1128 PS)
max. Startmasse: 2940 kg
Höchstgeschwindigkeit: 561 km/h
Reichweite: 1560 km
Gipfelhöhe: 10 700 m
Besatzung: 1
Bewaffnung: 2 MK 20 mm, 1 MG 12,7 mm, 1 MG 7,7 mm, bis 318 kg Bomben

Morane-Saulnier Typ N

Einmotoriges Jagdflugzeug, verspannter Mitteldecker (1913). Das Flugzeug wurde zu Beginn des ersten Weltkriegs zum Abfangen gegnerischer Aufklärungs- und Kampfflugzeuge eingesetzt. Dazu ließ der Luftfahrtpionier Roland Garros ein MG starr über der Motorhaube montieren, das durch den Propellerkreis feuerte. Die Propellerblätter wurden zu diesem Zweck mit Metall gepanzert, um Beschädigungen durch zufällige Treffer auszuschließen. Die so bewaffnete Morane-Saulnier wurde damit zum ersten Jagdflugzeug der Geschichte. Wegen der eigentümlichen Form der Propellernabe nannten die Piloten des Royal Flying Corps, das die Maschine ebenfalls einsetzte, auch „Bullet".

Typ: Morane-Saulnier Typ N
Verwendung: Jagdflugzeug
Spannweite: 8,30 m
Länge: 6,70 m
Antrieb: 1 Sternmotor Le Rhône 9J mit 82 kW (110 PS)
max. Startmasse: 510 kg
Höchstgeschwindigkeit: 165 km/h
Einsatzdauer: 1 h 30 min
Gipfelhöhe: 4000 m
Besatzung: 1
Bewaffnung: 1 MG 7,7 mm oder 1 MG 7,9 mm

Nakajima Ki-84 Hayate

Einmotoriges Jagdflugzeug, freitragender Tiefdecker (Erstflug im April 1943). Das vielseitige Flugzeug war bei der Luftwaffe des japanischen Heeres als Abfang- und Nachtjäger, als Sturzkampfflugzeug und zur Erdkampfunterstützung im Einsatz. Die Ki-84 war leichter und wendiger als ihre alliierten Gegner und besaß bessere Steigleistungen. Noch im Juli 1945 wurden Maschinen dieses Typs anstelle der zu schwachen Ki-45 zur Luftverteidigung Tokios eingesetzt.

Typ: Nakajima Ki-84
Verwendung: Jagdflugzeug
Spannweite: 11,23 m
Länge: 9,92 m
Antrieb: 1 Nakajima Homare Ha-45 Modell 11 mit 1417 kW (1926 PS)
max. Startmasse: 3890 kg
Höchstgeschwindigkeit: 631 km/h
Reichweite: max. 2160 km
Gipfelhöhe: 10 500 m
Besatzung: 1
Bewaffnung: 4 MK 20 mm, 2 250-kg-Bomben

JÄGER UND JAGDBOMBER

Nieuport 17

Einmotoriges Jagdflugzeug, einsitziger Doppeldecker (Erstflug im Januar 1916). Das Flugzeug war mit einem synchronisierten MG bewaffnet, das durch den Propellerkreis feuerte. Außerdem waren an den Tragflächenstreben kleine ungelenkte Raketen installiert, die dazu dienten, Fesselballone und Luftschiffe in Brand zu schießen. Das Flugzeug wurde in größerer Zahl in der Schlacht an der Somme und in den Schlachten am Isonzo eingesetzt.

Typ: Nieuport 17
Verwendung: Jagdflugzeug
Spannweite: 8,20 m
Länge: 5,80 m
Antrieb: 1 Le Rhône JB mit 81 kW (110 PS)
max. Startmasse: 560 kg
Höchstgeschwindigkeit: 164 km/h
Reichweite: 250 km
Gipfelhöhe: 5300 m
Besatzung: 1
Bewaffnung: 1 MG 7,7 mm

JÄGER UND JAGDBOMBER

North American P-51 Mustang

Einmotoriges Jagdflugzeug, freitragender Tiefdecker (Erstflug Prototyp 26.10.1940). Das Flugzeug wurde im 2. Weltkrieg (ab Version P-51B mit neuem Motor) ab Dezember 1943 als Langstrecken-Begleitjäger für die alliierten Bomberpulks eingesetzt und sicherte den Alliierten die Luftherrschaft über Deutschland. 1947 erfolgte dann die Umklassifizierung von P-51 (für „Pursuit", Verfolger) in F-51 (für „Fighter", Kämpfer).

Typ: North American P-51D
Verwendung: Jagdflugzeug
Spannweite: 11,28 m
Länge: 9,82 m
Antrieb: 1 Rolls-Royce/Packard-Merlin V-1650-7 mit 1229 kW (1670 PS)
max. Startmasse: 5260 kg
Höchstgeschwindigkeit: 703 km/h
Reichweite: max. 3307 km
Gipfelhöhe: 12 500 m
Besatzung: 1
Bewaffnung: 6 MG 12,7 mm, bis zu 907 kg Bombenlast oder 12,7-mm-Raketen

JÄGER UND JAGDBOMBER

North American F-86 Sabre

Einstrahliges Jagdflugzeug, freitragender Tiefdecker (Erstflug Prototyp am 01.10.1947). Das Erscheinen des Flugzeugs über Korea beendete die „Alleinherrschaft" der chinesischen MiG-15 sowjetischer Bauart. Das Flugzeug wurde in mehr als 30 Staaten bei den Luftwaffen zum Standardjäger. Die Version 86D war zum Abfangen sowjetischer Atombombenflugzeuge konfiguriert.

Typ: North American F-86D
Verwendung: Jagdflugzeug
Spannweite: 11,28 m
Länge: 12,27 m
Antrieb: 1 General Electric J47-GE-17B mit 33,35 kN (3400 kp) Schub
max. Startmasse: 7756 kg
Höchstgeschwindigkeit: 1138 km/h
Reichweite: 1344 km
Gipfelhöhe: 16 640 m
Besatzung: 1
Bewaffnung: 24 Luft-Luft-Raketen

Northrop P-61

Zweimotoriges Jagdflugzeug in Mitteldecker-Auslegung mit Doppelleitwerk (Erstflug Prototyp Mai 1942). Die Maschine war speziell für die Nachtjagd konzipiert worden. Die ersten Serienmaschinen hatten noch eine Kanonenkuppel (siehe Abb.) auf der zentralen Rumpfgondel, die jedoch zu instabilen Fluglagen führte und später weggelassen wurde. Das Flugzeug wurde der Standard-Nachtjäger der USAF, konnte aber auch als Jagdbomber und zur Erdkampfunterstützung eingesetzt werden. Später wurden auch Versionen als Aufklärungs-, Foto- und Verbindungsflugzeug gebaut.

Typ: Northrop P-61B
Verwendung: Jagdflugzeug
Spannweite: 20,11 m
Länge: 15,09 m
Antrieb: 2 Pratt & Whitney R-2800-65 Double Wasp mit je 1491 kW (2027 PS)
max. Startmasse: 17 230 kg
Höchstgeschwindigkeit: 585 km/h
Reichweite: 4820 km
Gipfelhöhe: 10 640 m
Besatzung: 2
Bewaffnung: 4 MK 20 mm, 4 MG 12,7 mm, bis zu 2900 kg Bombenlast

 JÄGER UND JAGDBOMBER

Northrop F-5 Freedom Fighter

Zweistrahliges Jagdflugzeug, freitragender Tiefdecker (Erstflug am 30.07.1959). Mit dem Ziel, die Lockheed T-33 als Strahltrainer abzulösen, wurde ein leichtes Jagdflugzeug (F-5A: einsitzig, F-5B: zweisitzig) entwickelt, das auch als Schul- und Übungsmaschine (T-38 Talon) angeboten wurde. Das Flugzeug wurde weiterentwickelt zur F-5E und F und schließlich zur F-5G (1982). In sämtlichen Versionen wurden über 2700 Einheiten gefertigt und in 30 Länder exportiert.

Typ: Northrop F-5E
Verwendung: Jagdflugzeug
Spannweite: 8,13 m
Länge: 14,45 m
Antrieb: 2 General Electric J85-GE-21B mit je 22,24 kN (2270 kp) Schub mit Nachbrenner
max. Startmasse: 11190 kg
Höchstgeschwindigkeit: 1743 km/h
Einsatzradius: 1400 km
Gipfelhöhe: 15 970 m
Besatzung: 1
Bewaffnung: 2 MK 20 mm, 3175 kg Bomben und Raketen (Sparrow, Sidewinder, Maverick) an 7 Außenlaststationen

Panavia Tornado

Zweistrahliges Aufklärungsflugzeug, Schulterdecker mit Schwenkflügeln (Erstflug 14.08.1974). Seit 1967 von einem internationalen Konsortium als Nachfolgemodell für die F-104 Starfighter, als Multi-Role Combat Aircraft (MRCA) entwickelt. Auf einer Plattform sollten Flugzeuge für möglichst viele Einsatzzwecke (Erdkampfunterstützung, Luftherrschaft, Marineeinsatz, Aufklärung u. Ä.) entstehen, wobei das Schwergewicht auf der Rolle als Jagdbomber lag. Für die Produktion wurde das Gemeinschaftsunternehmen Panavia gegründet.

Typ: Panavia Tornado IDS
Verwendung: Jagdbombenflugzeug
Spannweite: 8,60 m bis 13,91 m
Länge: 16,72 m
Antrieb: 2 Turbo Union RB199-34 Mk.103 bzw. Mk.101 mit je 74,7 kN (7620 kp) Schub
max. Startmasse: 27 215 kg
Höchstgeschwindigkeit: 2300 km/h
Reichweite: 2775 km
Gipfelhöhe: 15 000 m
Besatzung: 2
Bewaffnung: 2 MK 27 mm, 8165 kg Waffenlast (Sidewinder, Maverick u. Ä.) an 8 Außenlaststationen

Polikarpow I-16

Einmotoriges Jagdflugzeug, freitragender Tiefdecker in Holzbauweise (Erstflug am 21.12.1933). Das Flugzeug zeichnete sich durch ein günstiges Verhältnis von Geschwindigkeit, Wendigkeit und Bewaffnung aus. Es wurde im Spanischen Bürgerkrieg auf Seiten der Republikaner eingesetzt. 1939 verschoss man von diesem Flugzeug aus erstmals Raketengeschosse.

Typ: Polikarpow I-16 Typ 24
Verwendung: Jagdflugzeug
Spannweite: 8,88 m
Länge: 6,04 m
Antrieb: 1 Sternmotor M-62 mit 735 kW (1000 PS)
max. Startmasse: 2060 kg
Höchstgeschwindigkeit: 489 km/h
Reichweite: 600 km
Gipfelhöhe: 9470 m
Besatzung: 1
Bewaffnung: 4 MG 7,62 mm, 200 kg Bomben oder 6 Raketen RS-82 an Unterflügelstationen

JÄGER UND JAGDBOMBER

Republic F-105 Thunderchief

Einstrahliges Jagdbombenflugzeug, Mitteldecker mit konventionellem Leitwerk (Erstflug 22.10.1955). Das Flugzeug sollte als Überschall-Jagdbomber sowohl konventionelle als auch nukleare Waffen tragen können. Eingesetzt wurden die Maschinen im Vietnamkrieg.

Typ: Republic F-105D
Verwendung: Jagdbombenflugzeug
Spannweite: 10,64 m
Länge: 19,58 m
Antrieb: 1 Pratt & Whitney J75-P-19W mit 118 kN (12 300 kp) mit Nachbrenner
max. Startmasse: 23 835 kg
Höchstgeschwindigkeit: 2285 km/h
Reichweite: 2410 km
Gipfelhöhe: 15 240 m
Besatzung: 1
Bewaffnung: 1 MK M61A1 Vulcan 20 mm, bis zu 6350 kg Waffen

Saab 37 Viggen

Einstrahliges Jagdflugzeug in Tiefdecker-Auslegung mit großen, nach oben versetzten Canards (Erstflug 08.02.1967), das als Nachfolger für den Typ Saab 35 Draken gebaut wurde. Das Flugzeug wurde als Jagd- und Erdkampfflugzeug sowie für Aufklärungsaufgaben modifiziert.

Typ: Saab JA 37
Verwendung: Allwetter-Abfangjäger
Spannweite: 10,60 m
Länge: 16,40 m
Antrieb: 1 Volvo Flygmotor RM8B Turbofan mit 125 kN (12 750 kp) Schub
max. Startmasse: 20 500 kg
Höchstgeschwindigkeit: 2125 km/h
Reichweite: über 1000 km
Gipfelhöhe: 15 500 m
Besatzung: 1
Bewaffnung: 1 MK 30 mm, Raketen an 7 Außenlaststationen, optional Bomben

Saab 39 Gripen

Einstrahliges Jagdflugzeug, Mitteldecker mit beweglichen Canards (Erstflug am 09.12.1988), das als leichtes Mehrzweckkampfflugzeug die Saab 37 Viggen ablösen sollte. Die Gripen wird als Abfang- und Luftüberlegenheitsjäger sowie für Aufklärungsaufgaben eingesetzt.

Typ: Saab JAS 39
Verwendung: Jagdflugzeug
Spannweite: 8,40 m
Länge: 14,10 m
Antrieb: 1 Volvo Flygmotor RM12 Turbofan mit 80,5 kN (8200 kp) Schub
max. Startmasse: 14 000 kg
Höchstgeschwindigkeit: 2450 km/h
Reichweite: über 3000 km
Gipfelhöhe: 18 500 m
Besatzung: 1
Bewaffnung: 1 MK 27 mm, 6 Luft-Luft-Raketen, weitere Waffen (max. 5000 kg)

JÄGER UND JAGDBOMBER

SEPECAT Jaguar

Zweistrahliges Jagdbombenflugzeug in Schulterdecker-Auslegung (Erstflug Prototyp 08.09.1968); französisch-britisches Gemeinschaftsprojekt. Frankreich erwarb 200 Maschinen als Ersatz für die F-100 Super Sabre, Großbritannien übernahm 202 Einheiten als Ersatz für die Hawker Hunter.

Typ: SEPECAT Jaguar
Verwendung: Jagdbombenflugzeug
Spannweite: 8,69 m
Länge: 15,52 m
Antrieb: 2 Rolls-Royce/Turboméca Adour Mk811 mit je 37,4 kN (3815 kp) Schub
max. Startmasse: 15 700 kg
Höchstgeschwindigkeit: 1750 km/h
Reichweite: 1000–1400 km
Gipfelhöhe: 15 240 m
Besatzung: 1
Bewaffnung: 2 30-mm-Kanonen im Rumpf, 7 Außenlaststationen für bis zu 4763 kg Waffen

JÄGER UND JAGDBOMBER

SPAD S.XIII

Einmotoriges Jagdflugzeug in Doppeldecker-Auslegung (Erstflug Prototyp 04.04.1917), Weiterentwicklung der S.VII. Der runde Stirnkühler des V-Motors ließ die Frontpartie wie die eines Flugzeugs mit Sternmotor wirken. Die S.XIII hatte eine größere Spannweite und eine stärkere Bewaffnung als ihre Vorgängerin. Sie wurde auch nach dem 1. Weltkrieg noch viele Jahre bei verschiedenen Luftwaffen (u. a. in Polen und der Tschechoslowakei) geflogen.

Typ: SPAD S.XIII
Verwendung: Jagdflugzeug
Spannweite: 8,10 m
Länge: 6,30 m
Antrieb: 1 Hispano-Suiza 8B-V8 mit 164 kW (220 PS)
max. Startmasse: 845 kg
Höchstgeschwindigkeit: 234 km/h
Reichweite: 300 km
Gipfelhöhe: 6650 m
Besatzung: 1
Bewaffnung: 2 MG 7,7 mm synchronisiert

JÄGER UND JAGDBOMBER

Suchoi Su-7B

Einstrahliges Kampfflugzeug, Mitteldecker mit stark gepfeilten Tragflügeln (Erstflug Prototyp 1955). Das Flugzeug konnte zur Verkürzung der Startstrecke mit Starthilfsraketen ausgestattet werden, was dem Operieren von Feldflugplätzen aus entgegenkam. Es wurde – als Standardjagdbomber der sowjetischen Luftstreitkräfte – als Abfangjäger und als Erdkampfflugzeug eingesetzt. Außer in der Sowjetunion flog es auch in einer Reihe weiterer Staaten.

Typ: Suchoi Su-7B
Verwendung: Jagdbombenflugzeug
Spannweite: 8,90 m
Länge: 17,38 m
Antrieb: 1 Ljulka AL 7 F1 mit max. 88,2 kN (9000 kp) Schub
max. Startmasse: 13 500 kg
Höchstgeschwindigkeit: 1700 km/h
Gipfelhöhe: 18 000 m
Reichweite: 1450 km
Besatzung: 1
Bewaffnung: 2 MK 30 mm, Bomben oder Raketen an Unterflügelstationen

JÄGER UND JAGDBOMBER

Suchoi Su-30

Zweistrahliges **Jagdflugzeug** mit doppeltem Seitenleitwerk (Erstflug Dezember 1989), Weiterentwicklung der Su-27. Auf einer Plattform sollte eine Flugzeugfamilie entstehen, der Luftüberlegenheitsjäger, Langstreckenabfangjäger und Mehrzweckkampfflugzeug angehören. Seit 1992 tat die Su-30 Dienst bei den russischen Luftstreitkräften. Verwandte Versionen sind: die Su-32 als taktisches Bombenflugzeug, die Su-33 als Marine-Version.

Typ: Suchoi Su-30 MKK
Verwendung: Jagdbombenflugzeug
Spannweite: 14,70 m
Länge: 21,94 m
Antrieb: 2 Ljulka AL-31F mit je 122,6 kN (12 440 kp) Schub mit Nachbrenner
max. Startmasse: 33 000 kg
Höchstgeschwindigkeit: 2125 km/h
Reichweite: 3000 km
Gipfelhöhe: 17 500 m
Besatzung: 2
Bewaffnung: 1 Kanone GSch-301 30 mm, Waffenzuladung 6000 kg an 10 Außenlaststationen

Suchoi Su-33

Zweistrahliges Jagdbombenflugzeug, spezielle Ableitung der Su-27 für den trägergestützten Einsatz (Erstflug Prototyp 1985). Höhenleitwerk und Tragflächen können eingeklappt werden. 1994 bekam die russische Marine die ersten Maschinen, von denen 24 auf dem derzeit einzigen russischen Flugzeugträger Admiral Kusnezow ihren Dienst tun (Su-33 MK: einsitzig, Su-33 KUB: zweisitzig).

Typ: Suchoi Su-33
Verwendung: Jagdbombenflugzeug
Spannweite: 14,70 m
Länge: 21,19 m
Antrieb: 2 Ljulka AL-31F mit je 122,6 kN (12 440 kp) Schub mit Nachbrenner
max. Startmasse: 33 000 kg
Höchstgeschwindigkeit: 2300 km/h
Reichweite: 3000 km
Gipfelhöhe: 17 000 m
Besatzung: 1–2
Bewaffnung: 1 Kanone GSch-301 30 mm, Waffenzuladung 6500 kg an 12 Außenlaststationen

JÄGER UND JAGDBOMBER

Supermarine Spitfire

Einmotoriges britisches Jagdflugzeug, freitragender Tiefdecker (Erstflug Prototyp am 05.03.1936). Im Lauf der Bauzeit wurde die Triebwerksleistung verdoppelt, die Höchstgeschwindigkeit um ein Drittel erhöht und die Steigfähigkeit um 80 Prozent verbessert. Die Maschine war bei ihren Piloten besonders wegen ihrer Wendigkeit beliebt, die sie nicht zuletzt ihrer charakteristischen, elliptischen Tragflächengeometrie verdankte. Während der Luftschlacht um England trug sie neben der Hawker Hurricane die Hauptlast der Kämpfe gegen die deutsche Luftwaffe. Mehr als 20 000 Spitfires in 24 Versionen und zahlreichen Untervarianten wurden gebaut.

Typ: Supermarine Spitfire Mk.1
Verwendung: Jagdflugzeug
Spannweite: 11,23 m
Länge: 9,12 m
Antrieb: 1 Rolls-Royce Merlin Mk.2 mit 758 kW (1030 PS)
max. Startmasse: 2415 kg
Höchstgeschwindigkeit: 571 km/h
Reichweite: 805 km
Gipfelhöhe: 10 360 m
Besatzung: 1
Bewaffnung: 8 MG 7,7 mm

Tupolew Tu-128 (Tu-28B)

Zweistrahliges Jagdflugzeug, freitragender Mitteldecker mit stark gepfeilten Tragflächen (ausgeliefert 1961). Das Flugzeug war als Langstrecken-Abfangjäger konzipiert und wahrscheinlich eines der schwersten Jagdflugzeuge, das je gebaut wurde. Ab 1971 wurde die Tu-128M gebaut, die auch im bodennahen Luftraum (500–1500 m) operieren sollte.

Typ: Tupolew T-128M
Verwendung: Jagdflugzeug
Spannweite: 17,53 m
Länge: 30,06 m
Antrieb: 2 Ljulka AL-7F-2 mit je 99,1 kN (10 105 kp) Schub
max. Startmasse: 43 260 kg
Höchstgeschwindigkeit: 1910 km/h
Reichweite: 2460 km
Gipfelhöhe: 15 600 m
Besatzung: 2
Bewaffnung: 4 Langstrecken-Luft-Luft-Raketen, je 2 Raketen R-4TM und R-4RM

JÄGER UND JAGDBOMBER

Vought F4U Corsair

Einmotoriges Jagdflugzeug, freitragender Tiefdecker mit Knickflügel (Erstflug Prototyp 29.05.1940). Die Auslieferung der Corsair konnte aufgrund von Änderungswünschen erst im Juli 1942 erfolgen. Aufgrund der starken Nachfrage während des 2. Weltkriegs bauten auch Goodyear und Brewster das Modell unter abweichenden Namen in Lizenz. Die Maschinen wurden vom US-Marinekorps bzw. der US-Navy vor allem auf dem pazifischen Kriegsschauplatz eingesetzt. Im Koreakrieg flogen sie zur Erdkampfunterstützung.

Typ: Chance Vought F4U-1
Verwendung: Jagdflugzeug
Spannweite: 12,49 m
Länge: 9,99 m
Antrieb: 1 Pratt & Whitney R-2800-8 mit 1491 kW (2027 PS)
max. Startmasse: 6280 kg
Höchstgeschwindigkeit: 631 km/h
Reichweite: 1722 km
Gipfelhöhe: 11 310 m
Besatzung: 1
Bewaffnung: 6 MG M2 12,7 mm, bis zu 1000 kg Bombenlast

JÄGER UND JAGDBOMBER

Vought A-7 Corsair II

Einstrahliges Jagdbombenflugzeug in Schulterdecker-Auslegung (Erstflug am 27.09.1965). Die Maschine war als trägergestütztes leichtes Angriffsflugzeug konzipiert worden. Seit Ende 1967 wurde das Flugzeug von der US-Navy bei Kampfeinsätzen über Vietnam geflogen. Die Maschine wurde aber auch landgestützt eingesetzt (Version 7D für die USAF) und flog bei den Luftwaffen anderer Länder.

Typ: Vought A-7D
Verwendung: Jagdbombenflugzeug
Spannweite: 11,81 m
Länge: 14,06 m
Antrieb: 1 Allison TF41 Turbofan mit 64,5 kN (6580 kp) Schub
max. Startmasse: 19 050 kg
Höchstgeschwindigkeit: 1123 km/h
Reichweite: 1150 km
Gipfelhöhe: 12 800 m
Besatzung: 1
Bewaffnung: 1 MK M61 20 mm, 4310 kg Waffenlast unter Rumpf und Flügeln

JÄGER UND JAGDBOMBER

Westland Whirlwind

Zweimotoriges Jagdflugzeug, Tiefdecker mit Kreuzleitwerk (Erstflug am 11.10.1938). Das Flugzeug war als Langstreckenjäger konzipiert und zeichnete sich durch seine hohe Geschwindigkeit und starke Bewaffnung aus. Allerdings konnten die Motorprobleme nie ganz behoben werden. Im Seegebiet um Großbritannien wurde es erfolgreich gegen Schiffsziele eingesetzt.

Typ: Westland Whirlwind
Verwendung: Jagdbombenflugzeug
Spannweite: 13,72 m
Länge: 9,83 m
Antrieb: 2 Rolls-Royce Peregrine I V-12 mit je 650 kW (885 PS)
max. Startmasse: 5175 kg
Höchstgeschwindigkeit: 576 km/h
Reichweite: 1290 km
Gipfelhöhe: 9240 m
Besatzung: 1
Bewaffnung: 4 MK 20 mm, 453 kg Bomben

Aufklärer

Die ersten militärischen Einsätze, zu denen Flugzeuge starteten, waren Aufklärungsflüge. Früher suchten sich Feldherren eine erhöhte Position als Befehlsstand, um den Überblick nicht zu verlieren. Jetzt gab ihnen die Luftfahrt einen fliegenden Feldherrenhügel, der überdies beweglich war. Die Einsatzmöglichkeiten und -erfordernisse für Aufklärungsflugzeuge haben sich im Laufe der Militärgeschichte gewandelt; geblieben

ist das Grundprinzip: das Versteckte – seien es Raketensilos, U-Boote oder nächtliche Truppenbewegungen – aufzuspüren und gegebenenfalls auch zu bekämpfen. Überdies fungieren spezielle Maschinen als Kommandoeinheiten – sind also tatsächlich so etwas wie ein fliegender Feldherrenhügel – und der Störung der gegnerischen Kommunikation mittels elektronischer Kampfführung.

 AUFKLÄRER

AEG B.I

Einmotoriges Aufklärungsflugzeug in Doppeldecker-Auslegung. Vorläufer der erfolgreicheren und bewaffneten C-Modelle von AEG. Bereits Ende 1914 wurde der unbewaffnete Aufklärer durch die verbesserte, allerdings noch immer wenig leistungsfähige AEG B.II ersetzt und diente bis Kriegsende als Schulflugzeug.

Typ: AEG B.I
Verwendung: Aufklärungsflugzeug
Spannweite: 14,50 m
Länge: 10,50 m
Antrieb: 1 Reihenmotor Benz FX mit 74 kW (100 PS)
max. Startmasse: 1040 kg
Höchstgeschwindigkeit: 110 km/h
Gipfelhöhe: 2500 m
Besatzung: 2

AUFKLÄRER

Avro 504

Einmotoriges Aufklärungsflugzeug (Erstflug Juli 1913). Zeitweilig aufgrund ihrer Gipfelhöhe die einzige wirksame Waffe gegen die deutschen Zeppeline, wurde die Avro 504 bis in die 1930er-Jahre hinein eingesetzt, hauptsächlich als Schulflugzeug. Zahlreiche Variationen bis hin zu Amphibienflugzeugen sowie Lizenzproduktion und Exporte in mehrere Länder führten zu einer Gesamtzahl von mehr als 10 000 hergestellten Maschinen.

Typ: Avro 504 K
Verwendung: Aufklärungsflugzeug
Spannweite: 10,97 m
Länge: 8,97 m
Antrieb: Umlaufmotor Rhône Clerget 9 B mit 96 kW (130 PS)
max. Startmasse: 830 kg
Höchstgeschwindigkeit: 169 km/h
Reichweite: 245 km
Gipfelhöhe: 5800 m
Besatzung: 2
Bewaffnung: 1 MG, 45 kg Bombenlast

 AUFKLÄRER

Typ: Blériot XI-2
Verwendung: Aufklärungsflugzeug
Spannweite: 8,45 m
Länge: 10,25 m
Antrieb: 1 Umlaufmotor Gnôme-7B mit 52 kW (71 PS)
max. Startmasse: 625 kg
Höchstgeschwindigkeit: 106 km/h
Einsatzdauer: 3 h 30 min
Gipfelhöhe: 200 m
Besatzung: 1

Blériot XI La Manche/XI-2

Einmotoriges Aufklärungsflugzeug. Louis Blériot überflog mit dieser 1908 entworfenen Eigenkonstruktion am 25.07.1909 als erster Mensch den Ärmelkanal. Im 1. Weltkrieg wurde die Blériot XI in Frankreich und Italien als Aufklärungsflugzeug und Artilleriebeobachter eingesetzt.

AUFKLÄRER

Boeing RC-135

Vierstrahliges Aufklärungsflugzeug, das auf der Grundlage des C-135-Basismodells entstand. In 17 Exemplaren seit 1964 gebaut und ständig modernisiert, flog die RC-135 unter anderem Einsätze während der Operation „Desert Storm", auf Haiti, in Bosnien und zuletzt im Irak.

Typ: Boeing RC-135
Verwendung: Aufklärungsflugzeug
Spannweite: 44,40 m
Länge: 46,60 m
Antrieb: 4 Turbofans Pratt & Whitney TF33-P-5 mit je 71 kN (7231 kp) Schub
max. Startmasse: ca. 152 400 kg
Höchstgeschwindigkeit: 966 km/h
Reichweite: 6500 km
Gipfelhöhe: 13 400 m
Besatzung: 5

AUFKLÄRER

Boeing E-3 Sentry

✈ **Vierstrahliges Aufklärungsflugzeug** auf der Basis der Boeing 707-320B, freitragender Tiefdecker (Erstflug 09.02.1972). Das Flugzeug trug als erster Typ das von Boeing entwickelte AWACS (Airborne Warning and Control System) und wurde im Rahmen der NATO zur Luftraumüberwachung und Frühwarnung eingesetzt.

Typ: Boeing E-3 Sentry
Verwendung: Frühwarn- und Luftraumkontrollflugzeug
Spannweite: 44,45 m
Länge: 46,68 m
Antrieb: 4 Pratt & Whitney TF33-100A mit je 91,1 kN (9290 kp) oder 4 CFM56-2A-2/3 mit je 106,8 kN (10 890 kp) Schub
max. Startmasse: 157 400 kg
Höchstgeschwindigkeit: 850 km/h
Einsatzdauer: 10 h (ohne Luftbetankung)
Gipfelhöhe: über 10 670 m
Besatzung: 4 + 14–17 AWACS-Spezialisten in der Kabine

Breguet Atlantic

Zweimotoriges Aufklärungsflugzeug in Mitteldecker-Auslegung (Erstflug am 21.10.1961), von der NATO für die Nachfolge der Lockheed P2 V-7 vorgesehen und ab 1963 erstmals ausgeliefert. Dank vielfältiger Modernisierungsmaßnahmen ist die Maschine bis heute im Einsatz. Die Atlantic dient zur Seeaufklärung, für die U-Boot-Jagd, die Seezielbekämpfung, ferner für Suchaufgaben und Rettungsmaßnahmen.

Typ: Breguet 1150 Atlantic
Verwendung: Seeaufklärer
Spannweite: 36,60 m
Länge: 31,80 m
Antrieb: 2 Rolls-Royce Tyne RTy20 mit je 4410 kW (6000 PS)
max. Startmasse: 43 500 kg
Höchstgeschwindigkeit: 650 km/h
Reichweite: 9000 km
Gipfelhöhe: 10 000 m
Besatzung: 12
Bewaffnung: 1 Kanone Mk.46; Torpedos, Wasserbomben, Minen, Raketen und Lenkwaffen

British Aerospace Nimrod

Vierstrahliges Aufklärungsflugzeug in Tiefdecker-Auslegung. (Erstflug des Prototyps am 23.05.1967, MR1 28.06.1968, letzte Version MRA4 26.08.2004); unmittelbar aus dem ersten strahlgetriebenen Verkehrsflugzeug der Welt, der De Havilland Comet 4C, als leistungsfähiger Seeaufklärer entwickelt. Die Maschine war mit Radar-, Sonar- und Funktechnik umfassend ausgestattet. Für die Besatzung gab es sogar eine kleine Teeküche.

Typ: British Aerospace Nimrod MR1
Verwendung: Aufklärungsflugzeug
Spannweite: 35,08 m
Länge: 38,63 m
Antrieb: 4 Rolls-Royce RB 168-20 Spey Mk.250 mit je 54 kN (5506 kp) Schub
max. Startmasse: 87 090 kg
Höchstgeschwindigkeit: 925 km/h
Reichweite: 9265 km
Gipfelhöhe: 13 040 m
Besatzung: bis 13
Bewaffnung: 9 Torpedos oder Bomben intern; weitere Raketen, Kanonen oder Seeminen extern

AUFKLÄRER

Canadair CL 28 Argus

Viermotoriges Seeaufklärungsflugzeug in Tiefdecker-Auslegung (Erstflug 28.03.1957), das – ähnlich wie die zivile Version Canadair CL 44 – konstruktiv auf der Bristol 175 Britannia fußt. Der Rumpf wurde vollständig neu konstruiert; der Heckstachel enthielt die Magnetsuchgeräte für die U-Boot-Jagd. Das Flugzeug sollte in niedrigen Höhen 24 Stunden in der Luft bleiben können.

Typ: Canadair CL 28
Verwendung: Seeaufklärer
Spannweite: 43,40 m
Länge: 39,30 m
Antrieb: 4 Wright R-3350-EA1 Cyclone mit je 2535 kW (3446 PS)
max. Startmasse: 71 214 kg
Höchstgeschwindigkeit: 470 km/h
Reichweite: 9495 km
Gipfelhöhe: 7620 m
Besatzung: 15
Bewaffnung: 3629 kg Waffenlast im Rumpf, 1724 kg an Außenstationen

Cessna O-2

Zweimotoriges Aufklärungsflugzeug (Erstflug Januar 1967), angetrieben von Zug- und Druckpropeller an Bug und Heck. Die militärische Version der Cessna 337 Skymaster ersetzte die Cessna O-1 Bird Dog. Die Cessna O-2 kam unter anderem in Vietnam als Beobachtungsflugzeug und zur Zielmarkierung zum Einsatz. Die letzten der 532 bis 1970 produzierten Exemplare standen bis in die 1980er-Jahre im Dienst der USAF.

Typ: Cessna O-2A
Verwendung: Aufklärungsflugzeug
Spannweite: 11,63 m
Länge: 9,07 m
Antrieb: 2 Continental IO-360-GB mit je 157 kW (213 PS)
max. Startmasse: 2100 kg
Höchstgeschwindigkeit: 420 km/h
Reichweite: 2288 km
Gipfelhöhe: 9500 m
Besatzung: 2
Bewaffnung: MG 7,62 mm, leichte Raketen an 4 Unterflügelstationen

AUFKLÄRER

Consolidated PB4Y Privateer

Viermotoriges Aufklärungsflugzeug in Schulterdecker-Auslegung (Erstflug 20.09.1943); Marine-Variante der B-24 Liberator. Der Rumpf der B-24 wurde verlängert und beschussfester ausgelegt. Einzelne der über 700 Exemplare, die hauptsächlich im pazifischen Raum eingesetzt wurden, waren bis 2002 zur Brandbekämpfung im Einsatz.

Typ: Consolidated PB4Y-2
Verwendung: Aufklärungsflugzeug
Spannweite: 33,53 m
Länge: 22,73 m
Antrieb: 4 Pratt & Whitney R-1830-94 mit je 1007 kW (1369 PS)
max. Startmasse: 29 480 kg
Höchstgeschwindigkeit: 381 km/h
Reichweite: 4506 km
Gipfelhöhe: 6310 m
Besatzung: 11
Bewaffnung: 12 MG 12,7 mm, bis zu 5800 kg Bombenlast

AUFKLÄRER

Fieseler Fi 156 Storch

Einmotoriges Mehrzweckflugzeug mit STOL-Eigenschaften (Erstflug 24.04.1936). Von 1937 bis 1945 in einer Stückzahl von ca. 2900 Exemplaren produziert und hauptsächlich als Verbindungs- und Aufklärungsflugzeug eingesetzt. Nach dem Krieg in Frankreich und der Tschechoslowakei weiterhin produziert bzw. als Vorlage für Weiterentwicklungen genutzt. Einzelexemplare fliegen noch heute.

Typ: Fieseler Fi 156 C 2
Verwendung: Aufklärungsflugzeug
Spannweite: 14,25 m
Länge: 9,90 m
Antrieb: 1 Argus As 10C-3 mit 175 kW (238 PS)
max. Startmasse: 1325 kg
Höchstgeschwindigkeit: 175 km/h
Reichweite: 470 km
Gipfelhöhe: 5300 m
Passagiere: 2 + 1 Pilot
Bewaffnung: 1 MG 15 7,92 mm

Focke-Wulf Fw 189 Eule

Zweimotoriges Aufklärungsflugzeug in Tiefdecker-Auslegung mit doppeltem Leitwerk (Erstflug 1938). Die Maschine wurde für die Nahaufklärung eingesetzt. Dem Einsatzzweck entsprechend ist der Rumpf – eine auf dem Flügelmittelstück aufgesetzte Gondel – weitgehend verglast und erlaubt gute Rundumsicht; Lichtbildausrüstungen waren an Bord.

Typ: Focke-Wulf Fw 189 A-1
Verwendung: Aufklärungsflugzeug
Spannweite: 18,40 m
Länge: 11,90 m
Antrieb: 2 Argus As 410 A-1 mit je 345 kW (465 PS)
max. Startmasse: 3950 kg
Höchstgeschwindigkeit: 317 km/h
Reichweite: 940 km
Gipfelhöhe: 7000 m
Besatzung: 3
Bewaffnung: 4 MG 7,92 mm, 4 50-kg-Bomben

Focke-Wulf Fw 200 Condor

Viermotoriges Aufklärungsflugzeug (Erstflug 27.07.1937). Ursprünglich als transatlantisches Passagierflugzeug konstruiert, wurde die Fw 200 mit Beginn des 2. Weltkriegs umgebaut und als Seeaufklärungsflugzeug für lange Strecken und als Marinebomber im Nordatlantik zur Geleitzugbekämpfung eingesetzt.

Typ: Focke-Wulf Fw 200 C-1 Condor
Verwendung: Aufklärungsflugzeug
Spannweite: 30,86 m
Länge: 23,85 m
Antrieb: 4 BMW 132 G mit je 735 kW (1000 PS)
max. Startmasse: 17 000 kg
Höchstgeschwindigkeit: 430 km/h
Reichweite: 1770 km
Gipfelhöhe: 7500 m
Besatzung: 4
Bewaffnung: 2 MG 151 20 mm, 4 MG 15 7,92 mm, bis 5600 kg Bomben

AUFKLÄRER

Grumman OV-1 Mohawk

Zweimotoriges Aufklärungsflugzeug, Mitteldecker mit dreifachem Seitenleitwerk und Turboprop-Antrieb (Erstflug 14.04.1959); 1959 in Dienst gestellt und bis 1996 im Einsatz. Anfangs unbewaffnet, nach den Erfahrungen des Vietnamkriegs später mit Abwehrraketen ausgestattet. Zwischen 1957 und 1969 wurden 380 Maschinen in unterschiedlichen Versionen hergestellt.

Typ: Grumman OV-1
Verwendung: Aufklärungsflugzeug
Spannweite: 14,63 m
Länge: 13,69 m
Antrieb: 2 Avco Lycoming T53-L-701 mit je 1044 kW (1420 PS)
max. Startmasse: 8085 kg
Höchstgeschwindigkeit: 491 km/h
Reichweite: 1728 km
Gipfelhöhe: 9240 m
Besatzung: 2

 | AUFKLÄRER

Iljuschin Il-20

Viermotoriges Aufklärungsflugzeug, freitragender Tiefdecker in Ganzmetallbauweise. Das Flugzeug war eine Ableitung aus der zivilen Il-18. Es wurde für Radarabtastung, Kartografierung, das Abhören des Funkverkehrs und zur Luftbilderfassung eingesetzt. In der Zeit des Kalten Krieges wurde es häufig bei der Überwachung der Seegebiete der NATO-Staaten beobachtet.

Typ: Iljuschin Il-20
Verwendung: Aufklärungsflugzeug
Spannweite: 37,42 m
Länge: 35,90 m
Antrieb: 4 Iwtschenko AI-20M mit je 3126 kW (4250 PS)
max. Startmasse: 64 000 kg
Höchstgeschwindigkeit: 675 km/h
Reichweite: 6500 km
Gipfelhöhe: 10 000 m
Besatzung: 4 + 8

Iljuschin A-50

Vierstrahliges Aufklärungsflugzeug in Hochdecker-Auslegung (Erstflug Prototypen 1982); die Maschine basiert auf dem Transportflugzeug Il-76. Sie wird überwiegend zur Luftraumüberwachung eingesetzt, dient aber auch als fliegende Kommandozentrale und Relaisstation zum Austausch relevanter Gefechtsdaten und kann eigene Kampfflugzeuge an gegnerische Objekte heranführen.

Typ: Iljuschin A-50
Verwendung: Aufklärungsflugzeug
Spannweite: 50,54 m
Länge: 46,59 m
Antrieb: 4 Solowjow D-30KP mit je 117,7 kN (12 000 kp) Schub
max. Startmasse: 172 370 kg
Höchstgeschwindigkeit: 850 km/h
Reichweite: 7300 km
Einsatzhöhe: 13 000 m
Besatzung: 15–16
Bewaffnung: 2 MK 23 mm im Heck, ECM-Einrichtungen, Infrarot- und Radartäuschkörper

AUFKLÄRER

Lockheed PV-2 Harpoon

Zweimotoriges Patrouillenflugzeug, 1943 aus der PV-1 Ventura entwickelt, die wiederum über den Bomber A-29 mit der Lockheed Modell 14 Super Electra verwandt ist. Harpoons griffen noch am Ende des 2. Weltkriegs in die Kämpfe um die Aleuten ein.

Typ: Lockheed PV-2H
Verwendung: Seeaufklärer
Spannweite: 22,82 m
Länge: 15,88 m
Antrieb: 2 Pratt & Whitney R-2800-31 Double Wasp mit je 1491 kW (2027 PS)
max. Startmasse: 16 300 kg
Höchstgeschwindigkeit: 454 km/h
Reichweite: 2800 km
Gipfelhöhe: 7280 m
Besatzung: 6
Bewaffnung: 9 MG 12,7 mm, 1600 kg Bomben, Wasserbomben oder Torpedo

Lockheed P-3 Orion

Viermotoriger U-Boot-Jäger und Seefernaufklärer in Tiefdecker-Auslegung (Erstflug zweiter Prototyp 25.11.1959); das Flugzeug wurde aus der Lockheed L-188 Electra entwickelt. Während der erste Prototyp noch weitgehend dem Ausgangsmodell entsprach, wurde nach den ersten Tests der Rumpf verkürzt und fensterlos ausgeführt; der lange Heckdorn enthielt die Geräte für die Magnetortung. Das Flugzeug löste die P-2 Neptune bei der U-Boot-Bekämpfung ab. Die Serienproduktion begann 1961; seit 1969 wurde die Version P-3 C mit der seinerzeit modernsten Elektronik ausgerüstet. Drei Maschinen wurden mit rotierenden Radarantennen versehen und dienten der Küstenüberwachung durch den US-amerikanischen Zoll. Daneben wurde auch die Version P-3 F (ohne EDV-Anlage) als Seeaufklärer und U-Boot-Jäger gebaut.

Typ: Lockheed P-3
Verwendung: U-Boot-Jäger und Seefernaufklärer
Spannweite: 30,37 m
Länge: 35,61 m
Antrieb: 4 Allison T56-A-14 Propellerturbinen mit je 3645 kW (4955 PS)
max. Startmasse: 61 000 kg
Höchstgeschwindigkeit: 761 km/h
Reichweite: 3500–8900 km
Gipfelhöhe: 8625 m
Besatzung: 10
Bewaffnung: 9000 kg Waffen: 3290 kg intern (Wasserbomben, Torpedos), 5782 kg extern (z. B. AGM-84 Harpoon)

Lockheed U-2

Einstrahliges Höhenaufklärungsflugzeug in Mitteldecker-Auslegung. Das Missionsziel sah Aufklärung in Höhen von über 20 000 Meter vor, bei denen man annahm, das Flugzeug sei sowohl für Flugabwehrraketen als auch für Abfangjäger unerreichbar. Ihre Flugeigenschaften verdankt die U-2 einem Design, das an Segelflugzeuge erinnert. Am 1. Mai 1960 wurde eine U-2 über der Sowjetunion abgeschossen, was zu erheblichen politischen Verwicklungen führte. Eine weitere U-2 wurde 1962 über Kuba abgeschossen.

Typ: Lockheed U-2
Verwendung: Höhenaufklärungsflugzeug
Spannweite: 24,38 m
Länge: 15,24 m
Antrieb: 1 Pratt & Whitney J75 P-13 mit 66,7 kN (6800 kp) Schub
max. Startmasse: 7815 kg
Höchstgeschwindigkeit: 794 km/h
Reichweite: 4635 km
Gipfelhöhe: 21 335 m
Besatzung: 1

AUFKLÄRER

Lockheed SR-71 Blackbird

Zweistrahliges Aufklärungsflugzeug, freitragender Mitteldecker mit deltaförmigem Tragwerk und Doppelleitwerk, Rumpf und Flächen in Titanbauweise (Erstflug des Prototyps 16.04.1961). Das Flugzeug war für das Operieren in großen Höhen und mit hohen Geschwindigkeiten ausgelegt und errang mehrere Rekorde. Bis 1990 standen noch 32 Maschinen dieses Typs in Dienst.

Typ: Lockheed SR-71A
Verwendung: Strategisches Höhenaufklärungsflugzeug
Spannweite: 16,94 m
Länge: 32,74 m
Antrieb: 2 Pratt & Whitney J-58 JT-11 mit je 151,1 kN (15 408 kp) Schub mit Nachbrenner
max. Startmasse: 77 112 kg
Höchstgeschwindigkeit: 3529 km/h
Reichweite: 5400 km (ohne Luftbetankung)
Gipfelhöhe: max. 26 213 m
Besatzung: 2

AUFKLÄRER

Lockheed S-3 Viking

Zweistrahliges trägergestütztes Aufklärungs- und Kampfflugzeug in Schulterdecker-Auslegung (Erstflug am 21.01.1972). Bei der US-Navy ersetzte das Flugzeug seit 1974 die veralteten und langsamen Grumman S-2 bei der U-Boot-Suche und -Bekämpfung. Tragflächen und Leitwerke waren einklappbar, der Magnetic Anomaly Detector (MAD; Magnetfeld-Abweichungs-Sensor) am Heck konnte bei Bedarf ausgefahren werden. Später gab es auch Modifikationen als Tank- und Transportflugzeug.

Typ: Lockheed S-3
Verwendung: U-Boot-Jäger und Seeaufklärer
Spannweite: 20,93 m (eingeklappt 8,99 m)
Länge: 16,26 m
Antrieb: 2 GE TF-34-GE-400B mit je 41,26 kN (4207 kp)
max. Startmasse: 23 800 kg
Höchstgeschwindigkeit: 816 km/h (Meereshöhe)
Reichweite: 3700 km
Gipfelhöhe: 12 200 m
Besatzung: 4
Bewaffnung: max. 1780 kg Waffenlast: AGM-84 Harpoon und AGM-65 Maverick; Minen, Raketen, Bomben, Torpedos

McDonnell RF-101 Voodoo

Zweistrahliges Aufklärungsflugzeug, freitragender Mitteldecker (Erstflug Prototyp Mai 1954); gilt als der erste Überschall-Aufklärer. Die Aufklärungsversion wurde aus dem McDonnell F-101 entwickelt. Er war unbewaffnet, aber mit der seinerzeit modernsten Fototechnik ausgestattet. Mit diesem Flugzeugtyp gelangen 1962 über Kuba Aufnahmen der sowjetischen Raketensilos. Er wurde auch über Vietnam eingesetzt.

Typ: RF-101 Voodoo
Verwendung: Auklärungsflugzeug
Spannweite: 12,09 m
Länge: 21,11 m
Antrieb: 2 Pratt & Whitney J57 mit je 66,7 kN (6800 kp) Schub mit Nachbrenner
max. Startmasse: 23 100 kg
Höchstgeschwindigkeit: 1610 km/h
Reichweite: 3315 km
Gipfelhöhe: 13 060 m
Besatzung: 1

Mitsubishi Ki-46-III

Zweimotoriges Aufklärungsflugzeug (Erstflug am 14.11.1939), freitragender Tiefdecker. Das Flugzeug war ursprünglich als Langstreckenjäger entwickelt worden, wurde nach der Truppeneinführung aber als Fernaufklärer und als Übungsflugzeug (Besatzungstrainer) verwendet. Die Version Ki-46-IIIb wurde als Tiefangriffsflugzeug eingesetzt. Das Flugzeug überzeugte durch eine außerordentlich gelungene aerodynamische Ausformung.

Typ: Mitsubishi Ki-46-III
Verwendung: Aufklärungsflugzeug
Spannweite: 14,70 m
Länge: 11,00 m
Antrieb: 2 Doppelsternmotoren Mitsubishi Ha-112-II mit je 1100 kW (1500 PS)
max. Startmasse: 5720 kg
Höchstgeschwindigkeit: 630 km/h (auf 6000 m)
Reichweite: 4000 km
Gipfelhöhe: 10 500 m
Besatzung: 2

AUFKLÄRER

North American Rockwell OV 10 Bronco

Zweimotoriges Aufklärungsflugzeug in Schulterdecker-Auslegung mit doppeltem Leitwerk (Erstflug Prototyp am 16.07.1965, Serienmaschine 06.08.1967). Der Rumpf ist als zentrale Gondel ausgeführt, die Motorgondeln laufen in zwei Leitwerksträgern aus, die Seitenleitwerke sind durch ein hoch gesetztes Höhenleitwerk miteinander verbunden. Einsatzzweck ist die bewaffnete Aufklärung; daneben dient die Bronco leichten Frachttransporten oder Ambulanzflügen.

Typ: Rockwell OV-10A
Verwendung: Aufklärungsflugzeug
Spannweite: 12,20 m
Länge: 12,67 m
Antrieb: 2 Garret T-76-G10/12 mit je 525 kW (715 PS)
max. Startmasse: 6560 kg
Höchstgeschwindigkeit: 450 km/h
Einsatzradius: 620 km
Gipfelhöhe: 7300 m
Besatzung: 2
Bewaffnung: 4 MG 7,62 mm, 1633 kg Waffenlast an 4 Unterflügelstationen

Militärische Transportflugzeuge

Militärische Transportaufgaben unterscheiden sich in manchen Belangen stark von den Bedürfnissen des zivilen Transports: So wird man beispielsweise beim Transport von Soldaten und Fallschirmjägern nicht auf Passagierkomfort achten können. Transportflugzeuge, die im Kampfgebiet eingesetzt werden, sind in der Regel bewaffnet. Für die Erdkampfunterstützung hat man sogar Transportflugzeuge zu regelrechten

Gunships umgerüstet und ihnen eine eigenständige taktische Aufgabe zugewiesen. In manch anderer Hinsicht sind die Grenzen zwischen militärischem und zivilem Transport fließend. So nimmt es nicht Wunder, dass oft ein und derselbe Flugzeugtyp in beiden Sektoren der Luftfahrt eingesetzt wird und militärische Großraumtransporter sich auch bei humanitären Einsätzen bewähren.

Aeritalia G.222

Zweimotoriges Militär-Transportflugzeug in Hochdecker-Auslegung mit STOL-Fähigkeit (Erstflug am 18.07.1970). Die einzelnen Teile der Maschine stammten von verschiedenen italienischen Herstellern, die Endmontage fand bei Aeritalia in Neapel statt. 108 Exemplare wurden in mehreren Versionen (u. a. für den Export) gebaut, hauptsächlich für die italienische Luftwaffe, wo die Maschine 1978 in den Truppendienst eingeführt wurde.

Typ: Aeritalia G.222
Verwendung: Transportflugzeug
Spannweite: 28,70 m
Länge: 22,70 m
Antrieb: 2 General Electric T-64-GE-P4D mit je 2536 kW (3448 PS)
max. Startmasse: 26 500 kg
Höchstgeschwindigkeit: 540 km/h
Reichweite: 1260 bis 4940 km
Gipfelhöhe: 7620 m
Besatzung: 4
Zuladung: 44 Personen oder 8500 kg Fracht

MILITÄRISCHE TRANSPORTFLUGZEUGE

Airbus A400M Atlas

Viermotoriger Militärtransporter (Erstflug am 11.12.2009). Innovative Technologien, hohe Kapazität, große Reichweite, Schnelligkeit, Luftbetankung und Einsätze von kurzen, unbefestigten Pisten ermöglichen strategische und taktische Einsätze. Nach mehrjährigem Lieferverzug werden die ersten Maschinen ab 2013 ausgeliefert.

Typ: Airbus A400M
Verwendung: Transportflugzeug
Spannweite: 42,40 m
Länge: 45,10 m
Antrieb: 4 TP400-D6 Turboprop mit je 8200 kW (11 150 PS)
max. Startmasse: 141 000 kg
Höchstgeschwindigkeit: 800 km/h
Reichweite: max. 9000 km
Gipfelhöhe: 12 120 m
Besatzung: 4–5
Zuladung: 37 000 kg oder 116 Fallschirmjäger oder 66 Krankentragen und 25 Betreuer

MILITÄRISCHE TRANSPORTFLUGZEUGE

Airtech CN-235

Zweimotoriges Mehrzwecktransportflugzeug des spanischen Herstellers Airtech (Aircraft Technology Industries) und ein Gemeinschaftsprojekt der spanischen CASA und der indonesischen IPTN (Erstflug am 11.11.1983). Über 280 Maschinen wurden bisher gebaut. Die Version CN-235MPA ist als Marine-Patrouillenflugzeug mit 360°-Suchradar ausgerüstet.

Typ: Airtech CN-235
Verwendung: Transportflugzeug
Spannweite: 25,81 m
Länge: 21,35 m
Antrieb: 2 General Electric CT7-9C3 mit je 1397 kW (1900 PS)
max. Startmasse: 15 800 kg
Höchstgeschwindigkeit: 460 km/h
Reichweite: 1773 km
Gipfelhöhe: 7620 m
Zuladung: 40 Personen oder 4300 kg Fracht
Bewaffnung: 2 AM-39 Exocet oder 2 Mk.46 Torpedos (Marine-Version)

Alenia C-27 Spartan

Zweimotoriges Transportflugzeug mit STOL-Fähigkeit, Schulterdecker mit konventionellem Leitwerk (Erstflug des Prototyps am 12.05.1999). Das Flugzeug wurde in Zusammenarbeit mit Lockheed Martin als Weiterentwicklung der G.222 für strategische Operationen mit kurzer und mittlerer Reichweite wie zum Beispiel Evakuierungs- und Versorgungsflüge entwickelt.

Typ: Alenia C-27A
Verwendung: Transportflugzeug
Spannweite: 28,70 m
Länge: 22,70 m
Antrieb: 2 Allison AE2100D3 mit je 3090 kW (4200 PS)
max. Startmasse: 30 000 kg
Höchstgeschwindigkeit: 565 km/h
Reichweite: bis 2500 km
Gipfelhöhe: über 8000 m
Besatzung: 3
Zuladung: 53 Personen/42 Fallschirmjäger oder 10 000 kg Fracht

MILITÄRISCHE TRANSPORTFLUGZEUGE

Antonow An-12

Viermotoriges Militär-Transportflugzeug, Schulterdecker mit Turboprop-Antrieb (Erstflug 16.12.1956); ursprünglich parallel zur Passagiermaschine An-10 als mittelschwerer Standardtransporter der sowjetischen Luftstreitkräfte entwickelt. Die An-12 kann als Gegenstück zur amerikanischen C-130 angesehen werden. Nach Ende des Kalten Krieges wurde sie auch für zivile Transporte eingesetzt. Von 1959 bis 1973 wurden in Serie rund 1250 Maschinen hergestellt.

Typ: Antonow An-12BP
Verwendung: Transportflugzeug
Spannweite: 38,00 m
Länge: 33,10 m
Antrieb: 4 Iwtschenko AI-20M mit je 3126 kW (4250 PS)
max. Startmasse: 61 000 kg
Höchstgeschwindigkeit: 770 km/h
Reichweite: 3600 km
Gipfelhöhe: 10 200 m
Besatzung: 5–6
Zuladung: 132 Personen/90 Soldaten oder 20 000 kg Fracht
Bewaffnung: 2 MK 23 mm

Antonow An-26

Zweimotoriges Transportflugzeug, eine Weiterentwickung der Typen An-24 T und An-24 RT (1967). Über die große Heckladepforte können große Pkws ein- und ausfahren. Zum Absetzen von Fallschirmjägern oder Lasten aus der Luft kann die Laderampe unter den Rumpf gefahren werden. Die Maschine verfügt über einen Bordkran. Innerhalb von 30 Minuten kann sie für unterschiedliche Einsatzzwecke umgerüstet werden.

Typ: Antonow An-26
Verwendung: Transportflugzeug
Spannweite: 29,20 m
Länge: 23,80 m
Antrieb: 2 Iwtschenko AI-24WT mit je 2103 kW (2860 PS), 1 Strahltriebwerk RU 10A-30 mit 7,85 kN (800 kp) Schub
max. Startmasse: 24 000 kg
Marschgeschwindigkeit: 440 km/h
Reichweite: max. 9000 km
Gipfelhöhe: 8400 m
Besatzung: 4–5
Zuladung: 5500–6300 kg oder 39 Passagiere/30 Fallschirmjäger

BAC (Vickers) VC10

Vierstrahliges Tank- und Transportflugzeug in Tiefdecker-Auslegung mit T-Leitwerk. Aus dem Passagierflugzeug abgeleitet, war die Tankerversion erfolgreicher und langlebiger als der Ausgangstyp. Sie wurde 1982 in Dienst gestellt. Die Tanker konnten zwei Flugzeuge gleichzeitig betanken. Noch 1994 wurden mehrere ehemals zivile VC10 zu Tankflugzeugen umgebaut.

Typ: VC10 C-1K
Verwendung: Tank- und Transportflugzeug
Spannweite: 44,55 m
Länge: 48,36 m
Antrieb: 4 Conway RCo.43 mit je 100,1 kN (10 207 kp) Schub
max. Startmasse: 146 060 kg
Höchstgeschwindigkeit: 935 km/h
Reichweite: 11 600 km
Gipfelhöhe: 11 580 m

MILITÄRISCHE TRANSPORTFLUGZEUGE

Bell/Boeing V-22 Osprey

Zweimotoriges Kipprotorflugzeug für militärische Anwendungen mit Doppelleitwerk und Triebwerken in drehbaren Gondeln an den Tragflächenenden (Erstflug des Prototyps 19.03.1989). Das Flugzeug besitzt VTOL-Eigenschaften; es kann wie ein Hubschrauber starten und mit um 90° geschwenkten Rotoren wie ein Flugzeug weiterfliegen. Die kritische Phase ist dabei der Übergang vom Schwebeflug zum Horizontalflug. Nach einer längeren Erprobungszeit ist Ende 2005 die Serienproduktion der Versionen für USAF, Navy und Marinekorps angelaufen.

Typ: Bell/Boeing V-22
Verwendung: Kipprotorflugzeug
Spannweite: 13,97 m
Rotordurchmesser: 11,58 m
Rumpflänge: 17,48 m
Antrieb: 2 Rolls-Royce AE 1107C-Liberty mit je 4586 kW (6235 PS) an schwenkbaren Gondeln
max. Startmasse: 23 495 kg (für VTOL)
Höchstgeschwindigkeit: 510 km/h
Reichweite: 1182 km
Gipfelhöhe: 7925 m
Passagiere: 24 Soldaten in Ausrüstung + 2 Besatzung

MILITÄRISCHE TRANSPORTFLUGZEUGE

Boeing C-97 Stratofreighter

Viermotoriges Transportflugzeug, freitragender Mitteldecker (Erstflug 09.11.1944), militärisches Gegenstück zur zivilen Boeing 377. Basierend auf der Technik des B-29-Bomber wurde insbesondere die als Tanker adaptierte Version (KC-97) eine wichtige Stütze strategischer Operationen. 888 Exemplare wurden zwischen 1947 und 1958 in verschiedenen Versionen gebaut.

Typ: Boeing C-97
Verwendung: Transportflugzeug
Spannweite: 43,07 m
Länge: 35,81 m
Antrieb: 4 Pratt & Whitney Wasp Major mit 2610 kW (3561 PS)
max. Startmasse: 79 379 kg
Höchstgeschwindigkeit: 604 km/h
Reichweite: 6920 km
Gipfelhöhe: 10 668 m
Passagiere: 96 ausgerüstete Personen + 4 Besatzung

Boeing KC-135 Stratotanker

Vierstrahliges Tankflugzeug (Erstflug 31.08.1956); militärisches Gegenstück zur zivilen Boeing 707 – von Vietnam bis Desert Storm im Einsatz. Von den 732 zwischen 1954 und 1965 gebauten Exemplaren fliegen einige Maschinen, mehrfach modernisiert, auch heute noch.

Typ: Boeing KC-135E
Verwendung: Tankflugzeug
Spannweite: 39,99 m
Länge: 41,53 m
Antrieb: 4 Pratt & Whitney TF-33-PW-102 mit je 80 kN (8154 kp) Schub
max. Startmasse: 148 000 kg
Höchstgeschwindigkeit: 852 km/h
Reichweite: 2400 km
Gipfelhöhe: 15 300 m
Besatzung: 4–5
Zuladung: 90,72 Tonnen Kerosin

Boeing C-17 Globemaster III

- **Vierstrahliges Mehrzwecktransportflugzeug** (Erstflug 15.09.1991); 1995 in Dienst gestellt und seither weltweit militärisch und zu humanitären Zwecken im Einsatz. Benötigt für Start und Landung nur relativ kurze Strecken. Mithilfe von Luftbetankung kann die Globemaster III praktisch jeden Punkt der Erde nonstop erreichen.

Typ: Boeing C-17 Globemaster III
Verwendung: Transportflugzeug
Spannweite: 51,75 m
Länge: 52,76 m
Antrieb: 4 Turbofans Pratt & Whitney F117-PW-100 mit je 180 kN (18 355 kp)
max. Startmasse: 265 352 kg
Höchstgeschwindigkeit: 805 km/h
Reichweite: 4500 km
Gipfelhöhe: 13 716 m
Besatzung: 3
Zuladung: 102 ausgerüstete Personen oder 70 000 kg Fracht

Curtiss C-46 Commando

Zweimotoriges Transportflugzeug in Mitteldecker-Auslegung (Erstflug am 26.03.1940). Die Maschine stand im Schatten der berühmten DC-3/C-47, dabei war die Curtiss Commando zu ihrer Zeit das größte zweimotorige Flugzeug der Welt. Wegen ihrer Reichweite und Robustheit wurde die Commando vor allem in Asien und im Pazifik eingesetzt.

Typ: Curtiss C-46R
Verwendung: Mittelstrecken-Transportflugzeug
Spannweite: 32,92 m
Länge: 23,30 m
Antrieb: 2 Pratt & Whitney R-2800-34 Double Wasp mit je 1566 kW (2130 PS)
max. Startmasse: 22 680 kg
Höchstgeschwindigkeit: 435 km/h
Reichweite: 2897 km
Gipfelhöhe: 6700 m
Besatzung: 3–5
Zuladung: 8200 kg oder bis zu 62 Passagiere

MILITÄRISCHE TRANSPORTFLUGZEUGE

Douglas C-47

Zweimotoriges Transportflugzeug, militärische Version der Douglas DC-3 (Erstflug 17.12.1935). Die C-47 (auch unter anderen Bezeichnungen) bildete das Rückgrat der US-amerikanischen Transporterflotte im 2. Weltkrieg. Auch während der Berliner Luftbrücke wurden die C-47 in großer Zahl eingesetzt.

Typ: Douglas C-47
Verwendung: Transportflugzeug
Spannweite: 29,98 m
Länge: 19,66 m
Antrieb: 2 Pratt & Whitney R-1830-92 Twin Wasp mit je 895 kW (1216 PS)
max. Startmasse: 13 190 kg
Marschgeschwindigkeit: ca. 280–300 km/h
Reichweite: 2160 km
Gipfelhöhe: 7350 m
Besatzung: 4
Zuladung: bis zu 3400 kg
Bewaffnung: 3 MG 7,62 mm Minigun auf der Backbordseite (bei AC-47 Gunship I)

Fairchild C-119 Flying Boxcar

Zweimotoriges Transportflugzeug, Hochdecker mit Rumpfgondel und doppeltem Leitwerkträger (1948); Neugestaltung der C-82 Packet mit einem aerodynamischeren Rumpfquerschnitt (Cockpit an der Bugspitze) und stärkeren Motoren. Insgesamt entstanden 1184 Einheiten verschiedener Versionen. Einige Maschinen bekamen in den 1960er-Jahren ein zusätzliches Strahltriebwerk auf dem Rumpf.

Typ: Fairchild C-119
Verwendung: Transportflugzeug
Spannweite: 33,32 m
Länge: 26,36 m
Antrieb: 2 Wright R-3350-85 Duplex Cyclone mit je 2610 kW (3550 PS)
max. Startmasse: 33 780 kg
Höchstgeschwindigkeit: 476 km/h (in 5200 m)
Reichweite: 3200–3660 km
Gipfelhöhe: 6700 m
Zuladung: 62 Soldaten/35 Tragen oder 4500 kg Fracht

Fairchild C-123 Provider

Zweimotoriges Transportflugzeug in Schulterdecker-Auslegung (Erstflug des Prototyps 14.10.1949); später, zwischen 1955 und 1968, mit zwei zusätzlichen Strahltriebwerken zum Modell C-123 K aufgerüstet. Insgesamt wurden 320 Exemplare gebaut, die von 1955 bis 1979 in Dienst standen, unter anderem auch als Rettungsflugzeug der Küstenwache.

Typ: Fairchild C-123
Verwendung: Transportflugzeug
Spannweite: 33,53 m
Länge: 23,09 m
Antrieb: 2 Pratt & Whitney R-2800-99W mit je 1864 kW (2534 PS)
max. Startmasse: 27 240 kg
Höchstgeschwindigkeit: 394 km/h
Reichweite: 3380 km
Gipfelhöhe: 7300 m
Besatzung: 2
Zuladung: 13 000 kg oder 62 Personen

MILITÄRISCHE TRANSPORTFLUGZEUGE 337

General Aircraft Hamilcar

Unmotorisierter Lastensegler, durch Fahrwerkstreben abgestützter Schulterdecker (Erstflug Prototyp 27.03.1942). Konzipiert wurde die Hamilcar als Fahrzeug- und Lastentransporter mit der Kapazität für einen 7-Tonnen-Kleinpanzer oder zwei Jeeps eigens für die Landung in der Normandie. Allein während des „D-Day" kamen rund 70 der insgesamt 412 hergestellten Exemplare zum Einsatz. Einige Maschinen wurden mit 2 Motoren Bristol Mercury 31 zur Startunterstützung ausgestattet.

Typ: General Aircraft GAL 49
Verwendung: Lastensegler
Spannweite: 33,53 m
Länge: 20,73 m
max. Startmasse: 16 329 kg
Höchstgeschwindigkeit: 241 km/h
Reichweite: bis zu 2700 km
Besatzung: 2
Zuladung: 40 Personen oder 8000 kg Fracht

MILITÄRISCHE TRANSPORTFLUGZEUGE

Kawasaki C-1

Zweistrahliges Transportflugzeug, Hochdecker mit gepfeilten Tragflächen und T-Leitwerk (Erstflug 12.11.1970). Die Flugzeuge sollten bei den japanischen Selbstverteidigungskräften die veralteten Curtiss C-46 ablösen. Die Beladung mit sperrigen Gütern erfolgte über eine Heckrampe.

Typ: Kawasaki C-1A
Verwendung: Transportflugzeug
Spannweite: 30,60 m
Länge: 29,00 m
Antrieb: 2 Pratt & Whitney JT8D-9 mit je 64,5 kN (7580 kp) Schub
max. Startmasse: 45 000 kg
Marschgeschwindigkeit: 685 km/h
Reichweite: 3350 km
Gipfelhöhe: 12 000 m
Besatzung: 5
Zuladung: 60 voll ausgerüstete Soldaten oder 45 Fallschirmjäger (max. 11 900 kg)

MILITÄRISCHE TRANSPORTFLUGZEUGE

Lissunow Li-2

Zweimotoriges Transportflugzeug in Tiefdecker-Auslegung; sowjetische Lizenzfertigung (seit 1938) der amerikanischen Douglas DC-3. Seit 1943 wurden militärische Ausführungen in Serie gebaut. Neben Transportaufgaben erfüllte die Li-2WW (Wojenny Wariant) auch Funktionen als Frontbomber.

Typ: Lissunow Li-2WW
Verwendung: Transportflugzeug
Spannweite: 28,83 m
Länge: 19,65 m
Antrieb: 2 M-62IR mit je 735 kW (1000 PS)
max. Startmasse: 1535 kg
Höchstgeschwindigkeit: 270 km/h
Reichweite: 2600 km
Gipfelhöhe: 5600 m
Besatzung: 1–2
Bewaffnung: 3 MG 7,62 mm, 1 MG 12,7 mm, 1000–2000 kg Bomben oder Raketen

MILITÄRISCHE TRANSPORTFLUGZEUGE

Lockheed C-130 Hercules

Viermotoriges Transportflugzeug (Erstflug Prototyp 23.08.1954). Mit über 40 Versionen (neben Transportaufgaben als Tanker, Seenotrettungsflugzeug, Wetter- und Überwachungsflugzeug und fliegende Feuerwehr) gehört es zu den am meisten gebauten und am vielseitigsten einsetzbaren Flugzeugen der Welt.

Typ: Lockheed C-130H
Verwendung: Transportflugzeug
Spannweite: 40,40 m
Länge: 29,80 m
Antrieb: 4 Propellerturbinen Allison T56-A-15 mit Turbolader mit je 3160 kW (4300 PS)
max. Startmasse: 79 380 kg
Höchstgeschwindigkeit: 618 km/h
Reichweite: 8120 km
Gipfelhöhe: 8070 m
Besatzung: 5
Zuladung: 19 350 kg Fracht oder 128 ausgerüstete Soldaten/92 Fallschirmjäger

Lockheed C-5 Galaxy

Vierstrahliges Transportflugzeug, freitragender Schulterdecker mit einem T-Leitwerk (Erstflug Prototyp am 30.06.1968), bis 1982 das größte Flugzeug der Welt. Die Zelle hat zwei Decks, die variabel für Passagier- oder Frachttransport oder in Kombination beider Formen verwendet werden können. 1972 wurde der Bau nach acht Versuchsmustern und 81 Serienflugzeugen zunächst eingestellt. 1985 erschien dann die in Tragwerk und Avionik verbesserte C-5B (Erstflug 10.09.1985). Dank umfangreichen Modernisierungsprogrammen bleiben die Galaxy C-5B/C noch bis 2040 im Dienst der USAF.

Typ: Lockheed C-5B
Verwendung: Transportflugzeug
Spannweite: 67,90 m
Länge: 75,50 m
Antrieb: 4 General Electric TF39-GE-1C mit je 195 kN (19 880 kp)
max. Startmasse: 380 000 kg
Höchstgeschwindigkeit: 932 km/h
Reichweite: 4440 km
Gipfelhöhe: 11 000 m
Besatzung: 4–8
Zuladung: max. 131 000 kg oder 345 voll ausgerüstete Soldaten

MILITÄRISCHE TRANSPORTFLUGZEUGE

Messerschmitt Me 321 Gigant

Unmotorisierter Lastensegler, abgestrebter Schulterdecker (Erstflug im März 1941). Das Flugzeug wurde in Vorbereitung auf das Unternehmen „Seelöwe", die beabsichtigte Invasion Großbritanniens, 1940 entwickelt. Es konnte einen Panzer P IV oder 200 ausgerüstete Soldaten aufnehmen. Da zunächst keine geeigneten Schleppflugzeuge zur Verfügung standen, ließ man die Me 321 von drei Messerschmitt Bf 110 schleppen; wenn eine der drei Schleppmaschinen beim Start ein Problem bekam, drohte das gesamte Gespann abzustürzen. Später wurde das speziell konstruierte Schleppflugzeug He-111 Z verwendet.

Typ: Messerschmitt Me 321
Verwendung: Lastensegler
Spannweite: 55,00 m
Länge: 28,15 m
max. Startmasse: 34 400 kg
Marschgeschwindigkeit: 180 km/h
Besatzung: 3
Bewaffnung: 2–4 MG 15

Nord Aviation N 2501 Noratlas

Zweimotoriges Transportflugzeug, freitragender Hochdecker mit Doppelleitwerk (Erstflug 30.11.1950). Die Maschine sollte die Douglas C-47 ersetzen. Dank der großen Heckladeklappe konnten auch sperrige Lasten befördert werden. Die Noratlas wurde in den Luftstreitkräften vieler Staaten eingesetzt, u. a. auch als Kampfzonentransporter und zum Absetzen von Fallschirmspringern.

Typ: Nord Aviation N 2501
Verwendung: Transportflugzeug
Spannweite: 32,50 m
Länge: 21,96 m
Antrieb: 2 SNECMA Hercules 730 mit je 1500 kW (2040 PS)
max. Startmasse: 22 000 kg
Höchstgeschwindigkeit: 440 km/h
Reichweite: 2500 km
Gipfelhöhe: 7500 m
Besatzung: 5
Zuladung: 45 Passagiere oder 8458 kg Fracht

Transall C-160

Zweimotoriges militärisches Transportflugzeug in Hochdecker-Auslegung (Erstflug am 25.02.1963). Die Transall, entwickelt als ein deutsch-französisches Gemeinschaftsprojekt, ist seit 1968 im Dienst – viel länger als ursprünglich vorgesehen. Während dieser Zeit wurden immer wieder Modernisierungen und Verstärkungen vorgenommen. In den nächsten Jahren soll die Transall durch den Airbus A400M ersetzt werden.

Typ: Transall C-160
Verwendung: Transportflugzeug
Spannweite: 40,00 m
Länge: 32,40 m
Antrieb: 2 Rolls-Royce Tyne 20 MK 22 mit je 4222 kW (5740 PS)
max. Startmasse: 49 150 kg
Höchstgeschwindigkeit: ca. 513 km/h
Reichweite: max. 1850 km
Gipfelhöhe: 8230 m
Besatzung: 5
Zuladung: 16 000 kg oder max. 96 Personen

GLOSSAR

Allgemeine Luftfahrt – engl. General Aviation (GA), zivile, überwiegend private Luftfahrt (private und kommerzielle Flüge einschließlich Rettungshubschrauber u. Ä.); der gesamte zivile Luftverkehr mit Ausnahme des Linien- und Charterverkehrs durch die Fluggesellschaften. Sie umfasst Flugbewegungen, die sowohl als Sichtflüge als auch nach den Regeln für Instrumentenflüge im kontrollierten wie im unkontrollierten Luftraum durchgeführt werden. Nach Anzahl der Luftfahrtgeräte und Flugbewegungen (nicht aber nach Passagier- und Frachtaufkommen) ist die Allgemeine Luftfahrt das größte Segment der zivilen Luftfahrt.

APU – Auxiliary Power Unit = Versorgungsaggregat, das in der Regel elektrische Energie und gegebenenfalls auch Druckluft oder Hydraulikdruck zum autarken Betrieb der Flugzeugausrüstung am Boden liefert, ohne dass die Haupttriebwerke dafür laufen müssen.

ATPL-Lizenz – Abkürzung für Airline Transport Pilot Licence (dt.: Lizenz für Verkehrspiloten), wird in Deutschland vom Luftfahrt-Bundesamt Braunschweig ausgestellt und berechtigt zum gewerblichen Führen von Flugzeugen und Hubschraubern als verantwortlicher Pilot.

BOAC – British Overseas Airways Corporation, 1937 entstandene britische Luftfahrtgesellschaft, aus der 1974 nach Fusion mit der British European Airways die British Airways entstand.

Canards – sogenannte „Entenflügel" bzw. Bauweise eines Flugzeugs als „Entenflugzeug" (nach dem französischen Wort für Ente) mit weit nach hinten verlagertem Haupttragwerk und vor die Tragflächen an den Rumpfbug vorgezogenem Höhenleitwerk.

ECM – Abkürzung für Electronic Counter Measures (Elektronische Gegenmaßnahmen); Mittel der elektronischen Kampfführung unter Nutzung des elektromagnetischen Spektrums, das dessen Nutzung durch einen Gegner verhindern oder stören soll bzw. dazu dient, den Gegner zu täuschen.

EFIS – Abkürzung für Electronic Flight Instrument System (Elektronisches Fluginformationssystem).

EICAS – Abkürzung für Engine Indication and Crew Alerting System; elektronisches System zur Triebwerksüberwachung.

FAA – Abkürzung für Federal Aviation Administration, die Luftfahrtaufsichtsbehörde der USA.

FAI – Fédération Aéronautique Internationale, internationale nichtstaatliche und nichtkommerzielle Organisation für Luft- und Raumfahrt, die Rekordleistungen dokumentiert und kontrolliert.

Glascockpit – umgangssprachliche Bezeichnung für ein Elektronisches Fluginformationssystem, dessen Anzeigen in Bildschirmen (daher der Name) integriert sind.

Hochdecker – wird ein Flugzeug genannt, wenn die Tragfläche über der Rumpfoberkante angebracht ist.

ICAO – International Civil Aviation Organisation, mit Sitz in Montreal, 1944 durch Übereinkommen über die internationale Zivilluftfahrt gegründet.

IFR – Führen eines Flugzeugs nach den Regeln des Instrumentenflugs (Instrument Flight Rules).

Kobra-Manöver – steiles Aufrichten der Nase im Steigflug mit schlagartiger Erhöhung des Luftwiderstands, momentanes „Stehen" in der Luft, anschließend Abfangen des heckseitigen Absackens mit Bug in Flugrichtung, Beschleunigen und Übergang in den Horizontalflug.

Lichtensteingerät – Radargerät, das deutsche Nachtjäger während des 2. Weltkriegs seit 1942 mitführten.

GLOSSAR

Mitteldecker – wird ein Flugzeug genannt, wenn die Tragfläche mittig am Rumpf angeordnet ist.

NVA – Abkürzung für Nationale Volksarmee; die Streitkräfte der DDR (1956–1990).

Parasol-Hochdecker – Flugzeug, bei dem sich der Tragflügel – wie ein Baldachin – über dem Pilotensitz befindet.

RAF – Royal Air Force, Bezeichnung für die Luftstreitkräfte Großbritanniens. Neben der RAF verfügten auch die Royal Navy (Fleet Air Arm) und die Army über Fliegerkräfte.

RLM – Abkürzung für Reichsluftfahrtministerium, 1933–1945 oberste Behörde für die Belange der zivilen und militärischen Luftfahrt in Deutschland.

SAR – Abkürzung für Search and Rescue (suchen und retten), Such- und Rettungsdienst bei der Luft- und Seefahrt.

Schräge Musik – Pilotenjargon: Deutsche zweimotorige Nachtjäger des 2. Weltkriegs besaßen zwei 20- oder 30-mm-Kanonen, die hinter der Kanzel im Winkel von 65° bis 80° schräg nach oben schossen. Sie ermöglichten von unten her den Angriff auf britische Bombenflugzeuge in deren totem Abwehrwinkel.

Schulterdecker – wird ein Flugzeug genannt, wenn die Tragfläche unterhalb der Augenhöhe des Piloten, aber über dem Rumpf angeordnet ist.

STOL – Abkürzung für Short Take-off and Landing (Kurzstart und -landung).

STOVL – Abkürzung fürt Short Take-off and Vertical Landing (Kurzstart und Senkrechtlandung).

Tiefdecker – wird ein Flugzeug genannt, wenn die Tragfläche an der Unterseite des Rumpfes angeordnet ist.

TNT – Abkürzung für Trinitrotoluol, Sprengstoff, der als Vergleichsmedium für die Wirkung von Explosivstoffen herangezogen wird (sog. TNT-Äquivalent).

Transition – Übergang vom Vertikal- in den Horizontalflug und umgekehrt bei senkrecht startenden und/oder landenden Flugzeugen.

USAAC – United States Army Air Corps, 1926–1941 Bezeichnung für die USAF.

USAAF – United States Army Air Force, 1941–1947 Bezeichnung für die USAF.

USAF – United States Air Force, Luftstreitkräfte der USA. Neben der USAF verfügen auch die Navy, die Army, das Marine Corps, die Coast Guard und die National Guard über bedeutende Flotten von Flugzeugen und Hubschraubern.

VSTOL – Abkürzung für Vertical Short Take-off and Landing (Senkrecht-Kurzstart und Senkrechtlandung).

VTOL – Abkürzung für Vertical Take-off and Landing (Senkrechtstart und Senkrechtlandung).

Warschauer Vertrag – Militärbündnis kommunistisch regierter Staaten unter Führung der Sowjetunion (1955–1991); im Westen auch Warschauer Pakt genannt.

Wasserstoffantrieb – alternatives Treibstoffkonzept zum Ersatz von Kerosin. Bereits 1957 wurde eine Martin B-57 versuchsweise mit Wasserstoff angetrieben.

WPS – Wellen-PS: Leistung einer Propeller- oder Gasturbine, gemessen an der Welle, wobei der Restschub unberücksichtigt bleibt.

REGISTER

123
152	6
3Xtrim	116

A
AEG B.I	296
AEG G.IV	162
Aeritalia G.222	322
Aero Ae270	7
Aerospatiale ATR 72	9
Aerospatiale/BAe Concorde	8
Aerostyle Breezer	117
Aichi E16A Zuiun	140
Airbus A300	10
Airbus A300-600ST Beluga	19
Airbus A310	11
Airbus A319	14
Airbus A320	12
Airbus A321	13
Airbus A330	15
Airbus A340	16
Airbus A350 XWB	17
Airbus A380	18
Airbus A400M Atlas	323
Airco DH.9	163
Airspeed AS 8 Viceroy	118
Airtech CN-235	324
Albatros D.III	222
Albatros L 73	20
Alenia C-27 Spartan	325
Antonow An-12	326
Antonow An-22 Antäus	21
Antonow An-26	327
Antonow An-124 Ruslan	22
Antonow An-140	24
Antonow An-148	25
Antonow An-225 Mrija	23
Arado Ar 196	141
Arado Ar 234 Blitz	164
Avro 504	297
Avro 683 Lancaster	165
Avro 688/689 Tudor	26
Avro RJ100	27

B
BAC (Vickers) VC-10	328
BAC 1-11	28
BAe/McDonnell Douglas Harrier II	225
Beechcraft Bonanza	29
Beechcraft Premier IA	30
Bell P-39 Airacobra	223
Bell/Boeing V-22 Osprey	329
Berijew Be-12 Tschaika	143
Berijew Be-200	144
Berijew R-1	142
Blériot XI	119
Blériot XI La Manche/XI-2	298
Blohm & Voss Ha 139	31
Boeing 314 Clipper	145
Boeing 377 Stratocruiser	32
Boeing 707	33
Boeing 727	34
Boeing 737	35
Boeing 747	36
Boeing 777	37
Boeing 787	38
Boeing B-17 Flying Fortress	166
Boeing B-29 Superfortress	167
Boeing B-47 Stratojet	168
Boeing B-52 Stratofortress	169
Boeing C-17 Globemaster III	332
Boeing C-97 Stratofreighter	330
Boeing E-3 Sentry	300
Boeing KC-135 Stratotanker	331
Boeing RC-135	299
Bombardier Canadair CRJ 900	43
Bombardier Challenger 850	39

REGISTER

Bombardier Global Express XRS	40
Bombardier Learjet 60	82
Breguet Atlantic	301
Bristol Beaufighter	224
Bristol Blenheim	170
British Aerospace ATP	41
British Aerospace Nimrod	302
British Aerospace/McDonnell Douglas Harrier II	225
Britten-Norman BN-2A Mk III Trislander	42
Bücker Bü 131 Jungmann	120

C

Canadair (Bombardier) CRJ 900	43
Canadair CL 28 Argus	303
Canadair CL 415	146
Caproni Ca-60	147
Cessna 172 Skyhawk	121
Cessna Citation X (Model 750)	44
Cessna O-2	304
Consolidated B-24 Liberator	171
Consolidated PB4Y Privateer	305
Consolidated PBY Catalina	148
Convair B-36 Peacemaker	172
Convair B-58 Hustler	173
Convair CV 440 Metropolitan	45
Convair F-106 Delta Dart	226
Curtiss C-46 Commando	333
Curtiss P-40E Warhawk	227
Curtiss SB2C (A-25) Helldiver	174

D

Dassault Falcon 900	46
Dassault Mirage 2000	230
Dassault Mirage F1	229
Dassault Mirage IV	175
Dassault Rafale	231
Dassault Super Etendard	228
De Havilland Canada DHC-1 Chipmunk	123
De Havilland DH.82 Tiger Moth	122
De Havilland DH.98 Mosquito	176
De Havilland DH.106 Comet	47
DHC Dash 8Q-200	49
DHC-4 Caribou	48
Dornier Do 26 Seeadler	151
Dornier Do 217	177
Dornier Do 328	50
Dornier Do R4 Superwal	149
Dornier Do X	150
Douglas (McDonnell Douglas) DC-8	53
Douglas (McDonnell Douglas) DC-9	54
Douglas (McDonnell Douglas) DC-10	55
Douglas A-1 Skyraider	180, 232
Douglas A-3 Skywarrior	233
Douglas A-4 Skyhawk	234
Douglas A-26 Invader	179
Douglas C-47	334
Douglas DC-1	51
Douglas DC-3	52
Douglas SBD Dauntless	178
Dresden 152	6

E

Embraer AMX	235
Embraer EMB 110 Bandeirante	56
Embraer EMB 120	57
Embraer EMB 175	58
Embraer EMB 195	59
English Electric Canberra	181
Eurofighter Typhoon	236

F

Fairchild C-119 Flying Boxcar	335
Fairchild C-123 Provider	336
Fairchild F-27 Friendship	62
Fairchild Republic A-10	182

Fairey Swordfish	183	Heinkel He 70 Blitz	69
FIAT G.91	237	Heinkel He 111	188
Fieseler Fi 156 Storch	306	Heinkel He 177 Greif	189
Focke-Wulf A 17 Möwe	60	Heinkel He 219 Uhu	249
Focke-Wulf Fw 189 Eule	307	Henschel Hs 129	190
Focke-Wulf Fw 190	238	Hughes H-4 Hercules	154
Focke-Wulf Fw 200 Condor	61, 308		
Focke-Wulf Ta 152	239		

I

Iljuschin A-50	311
Iljuschin Il-2 3M Schturmowik	191
Iljuschin Il-4	192
Iljuschin Il-12	70
Iljuschin Il-18	71
Iljuschin Il-20	310
Iljuschin Il-28	193
Iljuschin Il-76	72
Iljuschin Il-96	73
Iljuschin Il 103	125

Fokker 50	64
Fokker 100	65
Fokker Dr.I	240
Fokker F.28 Fellowship	63
Fokker/Fairchild F.27 Friendship	62

G

General Aircraft Hamilcar	337
General Dynamics F-16 Fighting Falcon	242
General Dynamics F-111	241
Gloster Meteor	243
Grumman A-6 Intruder	185
Grumman F6F Hellcat	244
Grumman F9F Panther	245
Grumman F-14 Tomcat	246
Grumman G-21/JRF Goose	152
Grumman HU-16 Albatross	153
Grumman OV-1 Mohawk	309
Grumman TBF Avenger	184
Gulfstream G 550	66
Gyroflug SC01 Speed Canard	124

J

Jakowlew Jak-9	250
Jakowlew Jak-18	126
Jakowlew Jak-38	251
Jakowlew Jak-42	74
Junkers A 50	127
Junkers F 13	75
Junkers G 23	76
Junkers G 24	76
Junkers G 38	77
Junkers Ju 52/3m	78
Junkers Ju 87	194
Junkers Ju 88	195
Junkers Ju 90	80
Junkers Ju 160	79
Junkers Ju 188	196

H

Hamburger Flugzeugbau HFB 320 Hansa Jet	67
Handley Page H.P.52 Hampden	186
Handley Page H.P.57 Halifax	187
Hawker Hurricane	247
Hawker Siddeley Trident	68
Hawker Tempest	248

K

Kawanishi H8K	155
Kawanishi N1K-J Shiden	252

Kawasaki C-1	338
Klemm Kl 35	128

L

Learjet 23	81
Learjet (Bombardier) 60	82
Let L-200 Morava	83
Let L-410 Turbolet	84
Let L-610	85
Lissunow Li-2	339
Lockheed 10/12 Electra	87
Lockheed C-5 Galaxy	341
Lockheed C-130 Hercules	340
Lockheed F-80 Shooting Star	254
Lockheed F-104 Starfighter	255
Lockheed F-117 Nighthawk	197
Lockheed L.1011 Tristar	89
Lockheed Martin F-22 Raptor	256
Lockheed Martin F-35 Lightning II	257
Lockheed P-3 Orion	313
Lockheed P-38 Lightning	253
Lockheed PV-2 Harpoon	312
Lockheed S-3 Viking	316
Lockheed SR-71 Blackbird	315
Lockheed Super Constellation	88
Lockheed U-2	314
Lockheed Vega	86

M

Martin A-30 Baltimore	199
Martin B-26 Marauder	198
Martin M 130	156
McDonnell Douglas AV-8 Harrier II	225
McDonnell Douglas DC-8	53
McDonnell Douglas DC-9	54
McDonnell Douglas DC-10	55
McDonnell Douglas F-4 Phantom II	259
McDonnell Douglas F-15 Eagle	260
McDonnell Douglas F-18 Hornet	261
McDonnell Douglas MD-11	91
McDonnell Douglas MD-83	90
McDonnell F-101 Voodoo	258
McDonnell RF-101 Voodoo	317
Messerschmitt Bf 109 (Me 109)	262
Messerschmitt Bf 110 (Me 110)	263
Messerschmitt M 20	92
Messerschmitt Me 163 Komet	264
Messerschmitt Me 262	265
Messerschmitt Me 321 Gigant	342
Mikojan/Gurewitsch MiG-19	266
Mikojan/Gurewitsch MiG-23	267
Mikojan/Gurewitsch MiG-29	268
Mikojan/Gurewitsch MiG-31	269
Mikojan/Gurewitsch MiG-33	270
Mitsubishi A6M	271
Mitsubishi Ki-46-III	318
Mitsubishi Ki-67 Hiryu	200
Mjassischtschew M-4	201
Morane-Saulnier Typ N	272

N

Nakajima Ki-84 Hayate	273
Nieuport 17	274
Nord Aviation N 2501 Noratlas	343
North American B-25 Mitchell	202
North American F-86 Sabre	276
North American P-51 Mustang	275
North American Rockwell OV 10 Bronco	319
North American X-15	2
Northrop F-5 Freedom Fighter	278
Northrop P-61	277
Northrop-Grumman B-2 Spirit	203

P

Panavia Tornado	279
Petljakow Pe-2	204
Piaggio P.136	157

Piaggio P.148/149	129
Piaggio P.166	93
Piaggio P.180 Avanti	94
Pilatus PC-7	130
Pilatus PC-12	95
Pilatus PC-21	131
Piper J3c Cub	132
Piper PA 28 Cherokee	96
Piper PA 42 Cheyenne	97
Polikarpow I-16	280
Polikarpow Po-2	98
Polikarpow R-5	205
PZL M-15 Belphegor	99
PZL M-28 Skytruck	100

R

Republic F-105 Thunderchief	281
Rockwell B-1 Lancer	206
Ruschmeyer R90	133

S

Saab 37 Viggen	282
Saab 39 Gripen	283
SAI KZ-2	134
Savoia Marchetti SM.79 Sparviero	207
Savoia Marchetti SM.95	101
SEPECAT Jaguar	284
Short 360	102
Short S-25 Sunderland	158
Sikorsky S-23 V Ilja Muromez	208
Sikorsky S-40	159
SPAD S.XIII	285
Spirit of St. Louis	135
Suchoi Su-7B	286
Suchoi Su-25	209
Suchoi Su-26	136
Suchoi Su-30	287
Suchoi Su-33	288
Suchoi Su-80	104
Suchoi Superjet 100	103
Sud Aviation Caravelle	105
Sud Est Languedoc	106
Supermarine Spitfire	289

T

Tupolew ANT-20 Maxim Gorki	107
Tupolew SB-2	211
Tupolew TB-3	210
Tupolew Tu-16	212
Tupolew Tu-22	213
Tupolew Tu-22M	214
Tupolew Tu-28B	290
Tupolew Tu-95	215
Tupolew Tu-114	108
Tupolew Tu-128	290
Tupolew Tu-144	109
Tupolew Tu-204	110

V

Vickers 667 Valiant	217
Vickers VC10	113, 328
Vickers Viking	111
Vickers Viscount	112
Vickers Wellington	216
Vought A-7 Corsair II	292
Vought F4U Corsair	291
Vultee A-31 Vengeance	218

W

Westland Whirlwind	293

Z

Zeppelin Staaken R VI	219
Zlin Z-XII	137

BILDNACHWEIS

AeroAuctioneer, Neufra/Riedlingen: 124
AERO Vodochody a. U Letiste, Czech Republic: 7
Airbus S.A.S., Cesson Sévigné, France: 17, 18, 320/321, 323
AirNikon, airliners.net: 266
Airport Journals, Main, USA: 81
Archiv-Fliegerrevue, Berlin: 25, 55
Archiv Fred Müller-Romminger, Bad Reichenhall: 196
Beechcraft Vertrieb & Service GmbH, Augsburg: 30
Olaf Bichel, München: 264, 265
Bildarchiv AirKraft, Mainz: 45, 51, 68, 75, 101, 102, 116, 147, 158, 191, 224, 285, 293, 294/295, 296, 297, 303, 305, 311
Detlef Billig, Berlin: 28, 67, 94
boeing.com, USA: 38
Bombardier Inc., Montreal, Canada: 39, 40, 43, 82
Nico Braas, Almere-Buiten, Netherlands: 118, 137, 177, 189, 190, 248, 308, 337, 342
Antonio Camarasa, airliners.net: 105
Michael Carter, airliners.net: 152
Cessna Aircraft Company, Wichita, USA: 44
Dassault Falcon Jet Corp., South Hackensack, USA: 46
Deutsches Wehrkundearchiv, Herford: 20, 26, 60, 61, 69, 77, 92, 140, 141, 149, 150, 151, 162, 164, 170, 187, 188, 194, 200, 207, 208, 210, 211, 216, 219, 222, 252, 263, 272, 307
Frank Doering, flugzeugbilder.de: 41
Paul Dopson, airliners.net: 23
Ron Dupas, 1000aircraftphotos.com: 186, 239
Dutch Airforce, Netherlands: 122
edcotescollection.com, Foto: Courtesy of Geoff Goodall: 127
EL AL-Airlines, elal.co.il: 37
Embraer S. A., São José dos Campos, Brasil: 56, 57, 58, 59
Leonid Faerberg, airliners.net: 143
Federal Aviation Administration Fairbanks ATCT, Alaska, USA: 198
Richard Ferriere, airliners.net: 106
Flughafen Dresden GmbH, Dresden: 6
Flugzeugbau Rolf Helmrich, Großpösna: 117
Foto Galerie Koninklijke Marine, Den Haag, Netherlands: 301
Stephen Galea, jetpilot.dk: 123, 181, 243, 267, 331
U. Grüschow, Berlin: 165, 182, 289, 324
Gulfstream Aerospace Corporation, Dallas/Texas, USA: 66
Gareth Hector, hyperscale.com: 249
Werner Horvath, airliners.net: 175, 237, 247, 325
Richard Hunt, airliners.net: 148
Iljuschin Aircraft, Moscow, Russia: 310
iwmcollections.org.uk: 274
JSADF, Japan: 318
Junkers Bildarchiv, S+P Media AG, München: 76
Stefan Kessler, airliners.net: 128
Eberhard Kirschner, Glattbrugg, Switzerland: 251, 269, 288, 336, 343
W. T. Larkins, 1000aircraftphotos.com: 156
D. Lausberg, jetphotos.de: 327, 332, 340, 341, 344
Ruud Leeuw, ruudleeuw.com: 70

Lockheed Aeronautics Company, Wichita, USA: 256, 257
luftarchiv.de: 31
Lufthansa-Archiv, Frankfurt: 34, 35, 78, 79
Chris Makerson, airliners.net: 153
Alfredo la Marca, airliners.net: 146
Andy Martin, jetphotos.net: 42
Frank Mink, airliners.net: 114/115
Motivschmiede, Kassel: 79, 86, 155
Darren Mottram, airliners.net: 48
NASA, Washington DC, USA: 2, 176, 309
U. Noble, United Kingdom Flying Displays and Museum, United Kingdom: 183
Grzesiek Okruszek, airliners.net: 133
Old Rhinebeck Aerodrome, Rhinebeck/NY, USA: 119
PAN-AM Aviation History, USA: 32, 33
Yevgeny Pashin, airliners.net: 144
Pegase.tv, La Haye Fouassière, France: 87
Adrian Pingstone, airliners.net: 217
Gerhard Plomitzer, airliners.net: 47, 112, 113, 174, 179, 185, 197, 209, 223, 227, 229, 230, 231, 232, 233, 234, 235, 236, 242, 245, 246, 250, 253, 255, 260, 262, 268, 271, 278, 281, 284, 292, 302, 315, 316, 328
Polskie Zaklady Lodnice Sp.z.o.o.,Mielec, Poland: 99
Pressestelle Berliner Flughäfen, Foto: G. Wicker: 4/5
Pressestelle Berliner Flughäfen, Foto: L. Schönfeld: 36, 72, 84, 88, 90
Fred Quackenbusch, airliners.net: 154
Patrick Ranfranz, charleslindbergh.com, USA: 135
Raytheon Company, Waltham, USA: 29
Sergey Riabsev, airliners.net: 98
Ian Robertson, airliners.net: 273
Hans Rolink, Scheemda, Netherlands: 93
Royal Air Force (RAF) Museum, United Kingdom: 163
Russian Aircraft Corporation MiG, Moscow, Russia: 270
Russian Aviation Museum, Moscow, Russia: 107, 142, 192, 201, 205
Saab AB, Photographer: Ingemar Thuresson, Sweden: 282
Jerry Search, airliners.net: 157
Sukhoi Company (JSC), Moscow, Russia: 103, 104
Thorbjörn Brunander Sund, Danish Aviation Photo, airliners.net: 134
Peter Tonna, airliners.net: 85
United States Air Force (USAF), USA: 159, 160/161, 166, 167, 168, 169, 171, 172, 173, 178, 180, 194, 199, 203, 218, 220/221, 226, 238, 240, 241, 254, 258, 259, 275, 276, 277, 299, 300, 304, 306, 312, 313, 314, 317, 329, 330, 333, 334, 335
U.S. Navy, Washington DC, USA: 184, 225, 244
vespa.dk: 129
Christian Waser, Horw, Switzerland: 8, 9, 10, 11, 12, 13, 14, 15, 16, 19, 21, 22, 24, 27, 49, 50, 52, 53, 54, 62, 63, 64, 65, 71, 73, 74, 83, 89, 91, 95, 96, 97, 99, 108, 109, 110, 111, 120, 121, 125, 126, 130, 131, 132, 136, 138/139, 193, 202, 206, 212, 213, 214, 215, 261, 279, 280, 283, 286, 290, 291, 319, 322, 326, 339
Gordon S. Williams from the collection of W. T. Larkins, ronsarchive.com: 145
Andreas Zeitler, München: 228, 287, 298, 338